宅居花园营造与赏析

Creation and Appreciation of the Residential Garden

何小弟　石飞华　王海燕　吴　涛　著

中国建筑工业出版社
CHINA ARCHITECTURE & BUILDING PRESS

图书在版编目（CIP）数据

宅居花园营造与赏析 / 何小弟等著．—北京：中国建筑工业出版社，2012.5
ISBN 978-7-112-14318-4

Ⅰ．①宅…　Ⅱ．①何…　Ⅲ．①花园—园林设计—研究—中国　Ⅳ．①TU986.2

中国版本图书馆CIP数据核字（2012）第093571号

现代城市的发展、生活水准的提高，人们对居住条件的要求和投入不断提升，人居建筑的形式也愈发精彩多样。宅居花园的设计和营造深深打上了时代发展的印记，宅居花园的艺术和鉴赏也就注入了更加多元的文化品位。

宅居花园是一幅五彩缤纷的优美画图，风花雪月、晨曦晚霞，红花绿树、冬姿春态；宅居花园是一曲袅绕动听的美丽乐章，小桥流水、蝶飞燕舞，松涛泉瀑、虫嘶鸟鸣。

本书内容从宅居花园的由来与传承、风格与情趣、建筑与小品、植物与配置、环境与类别、风水与营造等方面编排切入，较为系统地阐述了如何营造空气清晰、视野舒适的生态氛围，怎样追求至善至美、天人合一的理想境界，可供专业的园林设计、施工技术人员以及广大的园林艺术爱好者等阅读参考。

责任编辑：吴宇江　率　琦
责任校对：党　蕾　赵　颖

宅居花园营造与赏析

Creation and Appreciation of the Residential Garden

何小弟　石飞华　王海燕　吴　涛　著

*

中国建筑工业出版社出版、发行（北京西郊百万庄）
各地新华书店、建筑书店经销
北京杰诚雅创文化传播有限公司制版
北京方嘉彩色印刷有限责任公司印刷

*

开本：880毫米×1230毫米　横 1/16　印张：12½　字数：300千字
2012年11月第一版　2012年11月第一次印刷
定价：92.00元
ISBN 978-7-112-14318-4
（22371）

前　言

古希腊哲学家亚里士多德说过："人们来到城市为了生活，居住在城市为了生活得更好。"从古到今，人们对理想聚居环境的追求从未停息；现代城市的发展、生活水准的提高，人们对居住条件的要求和投入不断提升，人居建筑的形式也愈发精彩多样。"城市，让生活更美好"，2010年中国上海世界博览会的主题十分准确而贴切地反映了21世纪的人居环境建设水准，宅居花园的设计和营造也就深深打上了时代发展的印记，宅居花园的艺术和鉴赏更加注入了社会多元的品位。

历史上保存下来具有纪念性意义及研究价值的名人居宅，具有深厚的历史内涵和科学价值，宅名、园名，人亦名，是为精致所在；作为人文景观构成诸要素的重要内涵，其中有许多具有很高的艺术、观赏价值，形象地从一个侧面记录了中国人居文化的漫长演进历程。古代的，如：四川成都诗圣的杜甫草堂，浙江绍兴明代画家徐渭的青藤书屋，江苏江阴明代旅游地理学家徐霞客的旧居，北京西山清代文学家曹雪芹的旧居等；近代的，如：孙中山故居、客居，有广东中山县的中山故居、广州中山堂、南京总统府等。扬州因其唐宋以来，特别是康乾盛清的经济繁荣，遗留下大批保存完好的盐商宅院，成为2014年"京杭大运河申遗"扬州段的重要基础载体，如：著名的晚清第一园"何园"、全国四大名园之一的"个园"，以及小盘谷、二分明月楼、汪氏小苑、吴道台故居等，均以其精妙绝伦的人居风采和博大精深的文化风韵，引无数中外嘉宾竞赞叹。

宅居花园是一幅五彩缤纷的优美画图，蓝天白云、青山碧水，红花绿叶、百彩争艳；宅居花园是一曲袅绕动听的美丽乐章，日月风雨、松涛泉瀑，虫嘶鸟啼、百籁争鸣。宅居花园的生境主体应是花、鸟、鱼、虫等多种生物，仿效自然山水、模拟人工植被的和谐生境，才能营造空气清新、视野舒适的生态氛围，才能追求至善至美、天人合一的最高境界。如今，在城市化进程快速发展的大背景下，怎样的生活环境才是理想的人居选择？由钱学森先生提出的"山水城市"理念，正是迎接中国城市可持续发展的理想模式。

本书作为江苏省、扬州市科技支撑（社会发展）项目和扬州园林文化研究所建设成果之一，得到扬州大学出版基金资助，在此一并致谢。

何小弟

2011年秋

Preface

Aritotle,the great Greek Philosopher once said:"In order to live and live better people come to and live in cities ." Throughout history,people never ceased seeking the ideal settlement environment.With the development of modern city and improvement of living standard,people have put forward higher requirement for housing conditions and have increased its investments,leading to numbers of brilliant living building types.'City,Make Life Better'the theme of Shanghai EXPO 2010 precisely reflected the construction level of living environment of the 21th century,which has branded designing and building of residential garden with the symbol of this very era and infused the appreciation of residential garden as an art form with diversified elements.

Residences and gardens of some historical figures whose reputations,to some degree,were determined by their prestigious owners abound in their value of memorial cultural symbol and scientific value. These houses,as an essential part of human landscape are in themselves great art achievements and well suited for aesthetic taste which also epitomize the evolution of Chinese residential culture in its own way. Among them,some were built in ancient times,for instance,the thatch cottage(Sichuan province)of Du Fu(Tang Dynasty poet),the green vine house(Zhejiang province)of Xu Wei(Ming Dynasty painter),the residence(Jiangsu province)of Xu Xiake(Ming Dynasty geographer and traveler),and the residence (Shanxi province)of Cao Xueqing(Qing Dynasty writer)etc.and some were built in recent times,such as the dwelling of Sun Yat-sen including his original home in Zhongshan county Guangzhou,the Sun Yat-sen Hall in GuangZhou and the Presidential House in Nanjing.

In Yangzhou,thanks to the economic prosperity during Tang-and Song Dynasties,especially in the'Heyday of Qianlong and Kangshi',a considerable number of the residences used to belong to the wealthy salt merchants'remained intact.They constitute a crucial part of the Grand Canal Project which is China's candidate for the application of the legacy register of the world.They include He Garden(used to be the most renowned estate of late Qing Dynasty),Ge Garden(One of the four great gardens' of China),Small dish valley,Half Moon Hall,Wang Garden and Wu Daotai Mansion,all of which receive praises from tourists all over the world for the charm of delicate residential art and the deposit of profound culture heritage contained within them.

Residential Garden is a painting of a chromatic natural scene,in which you can see the romance of flying petals whirling with snow flakes relishing in the moonlight,the serenity both of the rising and setting sun,the blossom of flowers spreading across a thriving tree,and the turning of the seasons the cycle of life;also it is a euphonious symphony,in which you can hear stream water flowing under mossy bridges,butterflies and swallows flapping their wings,dropping of a spring cascade rustles of a thousand pine trees and songs of a cricket or a nightingale.The biological environment of residential garden is home to various species such as flowers,birds,fishes,and insects.The goal is to create a human surrounding that simulates natural landscape and vegetation with fresh air and comforting views,and above all where we embrace pure beauty where'human and nature become one'as is the essence of ancient Chinese philosophy.At present,which type of living conditions is the ideal choice for human habitation?Against the backdrop of the rapid urbanization,we think the theory of "Shan-shui City"initiated by Mr.Qian Xueseng academician of China Science Academy seems best suited for our road of sustainable development.

This book is one of the combined work of 'science and tech support(social development)project'of Jiangsu Province and Yangzhou City,funded by Yangzhou University publishing subsidy.We thank all the groups mentioned above.

Writer

2011.09

目 录

一、宅居花园的由来与传承

中国古典宅居花园的设计和营造基于崇尚自然的传统哲学和园林创作思想，其精髓在于因地制宜、道法自然，把地理、植物、建筑三者构筑成一个空间体系，由此形成“城市山林”模式的理解：充分尊重自然、历史和文化，营造空气清新、视野舒适的生态氛围，追求至善至美、天人合一的最高景致。

1. 山居别业自然魄

自然质朴、绚丽壮观、宁静幽雅、生动活泼的自然景观，一直以来就是山居别业营造中取之不尽的创作源泉，不懈追求的理想境界。在战乱频仍、命如朝露的封建帝王时代，最好的精神寄托莫过于到远离人事扰攘的山林中去，并迫使名士们对老庄哲学的“无为而治、崇尚自然”进行再认识，把古老的“天人合一”哲理推向更深化的层次。

玄学主张返璞归真，寄情山水、崇尚隐逸成为社会风尚，士人们普遍形成了游山玩水、经营山居的浪漫风习，引导着知识分子阶层对大自然山水的再认识，确立思想上对山岳景观的独立审美观念。佛家的出世思想也在一定程度上激发人们对大自然的向往之情，促使投身于大自然的怀抱，从哲学本体论的角度着重探索“自然”与人的关系。

在当时的交通条件下，文人士大夫经长途跋涉、游山玩水来畅情抒怀并非轻松的事情，必须付出艰辛的代价：谢灵运为了游山而不惜雇工伐木开道，宗炳遨游“栖丘饮谷三十余年”历尽千辛万苦也只能走马观花。游山玩水，观之不足，自然会萌生在山野风景地结庐营居的念头。那些远离城镇的深山野林，风光旖旎、景物多姿，虽然生活条件十分艰苦，但也有少数隐士甘愿结庐隐居，生活简朴，乐在其中；而多数并不愿意放弃优越的城市生活条件而又要求悠游山林之趣者，两全其美的办法便是建造别墅、山居，开发“邑郊风景区”：邻近城市可以当日往返，免除长途跋涉和生活上的诸多不便。

湖光山色（北京玉泉山脉）

休园（下载自 www.arts.cn）

中国古典园林有由建筑、山水、花木等组合而成的综合艺术特性，“溪水因山成曲折，山蹊随地作低平”；其特有的人文气息，或曲折含蕴，或细腻委婉，或水映亭姿，或月随廊转，感染着人的思绪、陶冶着人的性情。“山，骨于石，褥于林，灵于水”，山水地形是山居别业的骨架和脉络；文人士大夫通过直接鉴赏大自然或者借助于山水艺术的间接手段来享受山水风景之乐趣，也就成了他们精神生活的一个主要内容。

园林艺术的构成要素，主要含自然景观、人文景观和工程设施等三个方面。中国园林于咫尺幅地中开池引水，多小中见大、师法自然，构成山水园的景观艺术中心。有人将园林景观喻为“四维空间”艺术，借地貌利用、地形改造等，假园路曲径，营造断桥残雪、踏雪寻梅等意境，是一个复杂的人文景观综合体和多种艺术形象共存的空间。

扬州瘦西湖 · 熙春台远眺

扬州瘦西湖 · 二十四桥（虹落碧波）

扬州因其唐宋以来，特别是清康乾盛世的经济繁荣，遗留下大批保存完好的盐商宅院，彰显了精妙绝伦的人居风采和博大精深的文化风韵，至此“尘外仙缳之思，怡悦之情顿生”。

《扬州画舫录》载：“西园曲水”借晋王羲之《兰亭集序》中“行曲水以流殇”之意，水系曲折逶迤，由东向西至北则为丁溪，湖水由此转折形如“丁”字，一支往南，一支向北：沿溪柳树成荫、绿影朦胧，人烟隔水见、香径小溪通。转折处巧置“拂柳亭”，亭柱楹联“曲径通幽处，垂柳拂细波”；对岸，长廊随势造型、起伏跌宕，东廊连“濯清堂”，取自《楚辞》：沧浪之水清兮，可以濯我缨，沧浪之水浊兮，可以濯我足。

西园曲水 · 丁溪

小金山，亦称长春岭，四围环水、形如青螺。清乾隆二十二年（1757年），用开挖莲花埂新河的泥土堆积为岭而成：山势险峻，以黄石布成曲折磴道，人行其间如入高山空谷。山顶建一重檐风亭，亭瘦而高，亭畔植以古柏，树高而劲；登高远眺，湖光景色尽收眼底，人置其间倍感自然舒畅。有联赞曰：借得西湖一角，堪夸其瘦；移来金山半点，何惜乎小。

小金山览胜

静香书屋，《扬州画舫录》载：屋在两山间，梅花极多。现为一座粉墙黛瓦的幽静院落：园门南向，中筑水池，池畔有芦苇数丛，野朴情趣为他园少见。南叠黄石假山，半山建一重檐方亭，虬松扎石、迎春飘逸；主峰高出园墙之上，与园外南坡的群置散石呼应。主峰之西，石山绵延起伏，余脉与土坡花木构成一道若有若无的矮墙，为园之西界；园内景观与湖上风光两不相隔，融为一体。北建书屋，小三楹，宽廊，前筑平台临水。书房东有廊桥一座，曲廊沿池逶迤，南接石舫。围墙的北门临水，门头有如意状砖雕，故称如意门：门外是水码头，可登舟出门；门里有间小斋“清妍室”，室后墙下开一半圆洞，引来湖水与园内小河相通。

园西界外景半疏漏

南门外景石峰透

内庭水景映华苔

徐园，原韩醉白别墅旧址，民国4年(1915年)改为徐宝山祠堂，扬州名士、冶春后社诗人吉亮工题写园名：“徐”为行楷，“园”成行草，笔力遒劲、结构缜密，字径逾尺、配合和谐。

徐园占地0.6公顷，庭院结构起承转合、错落有致，外有曲水、内有池塘，花木竹石、交相掩映，是极精巧的宅园。一道高墙将大片湖水遮住，仅以一月洞门引人入探：芊芊柳丝朦胧依稀，微风过处透出殿宇一角、佳境一隅。

园中有一馆、一榭、一亭。中馆、西榭均为歇山式建筑，东亭为双檐四角攒尖式。

园门洞开

庭院有致

荷池如镜

铁镬诉史

入园：迎门点石、一泓池水，园景在碧水中倒映。湖石驳岸，塘边红蓼、菖蒲伴石，垂柳悬丝、木香攀缘；池内莲睡浮波、荷香四溢。池东筑青石板桥一座，下有小溪与园东湖水相通。越池向北则是听鹂馆，取“两个黄鹂鸣翠柳，一行白鹭上青天”（杜甫）之意，抱柱楹联“绿印苔痕留鹤篆；红流花韵爱莺黄”是清同治状元陆润庠所撰。馆前平台置南朝萧梁时代铁镬两只，并立有《铁镬记》碑文。台前植白玉兰、广玉兰、蜡梅、茶花、桂花、木香等，东侧湖岸多植高柳，时有黄鹂穿飞鸣唱于枝丛之间。馆西为“春草池塘吟榭”，取“池塘生春草”（谢灵运）之意，最宜小坐静听树上蝉唱，湖边蛙鸣。

《扬州画舫录》卷十四载："石壁流淙"一名"徐工"，徐氏别墅也。乾隆三十年（1765年）赐名"水竹居"，御制诗云："柳堤系桂舫，散步俗尘降。水色清依榻，竹声凉入窗。幽偏诚独擅，揽结喜无双。凭底静诸虑，试听石壁淙。"淙者，众水攒冲，鸣湍叠濑，喷若雷风，四面丛流也。

园以水石胜，叠巧石、垒奇峰，2007年复建，设计与模型制作由北京林业大学孟兆祯院士工作室完成。

全景气势恢宏

树石精致

瀑溪壮阔

2. 城市山林梦中魂

由于知识阶层人士的寄情山水、崇尚隐逸的风尚影响和游山玩水、经营山居的实践活动，摆脱了儒家“君子比德”的单纯伦理的附会，以其本来面目——一个广阔无垠、奇妙无比的生活环境和审美对象而呈现在面前。人们获得了与大自然的自我和谐，对之倾诉纯真的感情，同时还结合理论的探讨而不断深化对自然美的认识。文人士大夫通过直接鉴赏大自然，或者借助于山水艺术的间接手段来享受山水风景之乐趣，也就成了精神生活的一个主要内容；陶渊明辞官隐居，家境虽然贫穷，亦“三宿水滨，乐饮川界”，对自然山水风景之眷恋可谓一往情深。

中国古典园林之所以崇尚自然、追求自然，实际上并不在于对自然形式美的模仿本身，而是在于对潜在自然之中的“道”与“理”的探求，“本于自然，高于自然”的艺术创作。

在儒家看来，自然山川林木之所以会引起人们的美感，在于它们的形象能够表现出与人的高尚品德相类似的特征，从而将大自然的某些外在形态、属性与人的内在品德联系起来。孔子云：“智者乐水，仁者乐山。智者动，仁者静”。智者何以乐水,仁者何以乐山？就因为水的清澈象征人的明智，水的流动表现智者的探索；而山的稳重与仁者的敦厚相似，山中蕴藏万物可施惠于人，正体现仁者的品质。

世外桃源——浙江临安·太湖源头第一村

人间仙境——江苏扬州·冶春草堂百年店

对此，汉代的儒家又加以发挥，《尚书大传》载：“子张曰：仁者何乐乎山也？子曰：夫山者，岂然高。岂然高，则何乐焉？山，草木生焉，禽兽畜焉，财用殖焉。生财用而无私，为四方皆伐，无私与焉。出云雨以通乎天地之间，阴阳和合，雨露之泽，万物以成，百姓以飨。此仁者之乐于山也。”

道家的自然观对中国古代文学的发展、对古代艺术民族特色的形成是极为重要的，表现为崇尚自然、逍遥虚静、无为顺应、朴质贵清、淡泊自由、浪漫飘逸的精神追求，于是在道家神仙思想的影响下，以自然仙境为造园题材的城市山林便应运而生。

道教是中国土生土长的宗教，与儒、佛并称三教。老子在哲学上以“道”为最高范畴，认为“道”是宇宙的本原：“道生一，一生二，二生三，三生万物。”同时主张“大地以自然为运，圣人以自然为用，自然者道也。”道教尊老子为教主，庄子继承并发展了老子“道法自然”的思想，从自然为宗，强调无为，认为自然界本身是最美的，即“天地有大美而不言”：大自然本身并未有意识地去追求什么，但却在无形中造就了一切。

山林景观在总体构成上显示比例、主从、均衡、节奏、层次、虚实等形式美的规律，体现多样性与统一性的辩证关系；而山林形象还必须具备足以成景的基本素质——奇，方能突出其异乎寻常的性格特征。古人常用“鬼斧神工”来形容山林之奇，“奇”可以理解为山林景观资源中的共性自然要素，“奇”在程度上又有所差异，内容也不尽相同。

相传徐霞客曾说过：“五岳归来不看山，黄山归来不看岳”，此话并非褒此贬彼，意在说明五岳之奇乃是相对于其周围地区而言，而黄山之奇则是相对于五岳亦即全国广大范围而言的，“黄山天下奇”主要是指它的“四绝”，即石、松、云海、温泉之不同一般的奇特性状而言。

水是生命的起源，是自然景观的灵神。广义的水景包括海洋、江河、湖泊、池沼、泉涧、瀑潭等，是山水景观的重要构成要素。大河名川，奔泻万里，大有排山倒海之势；小河山溪，徘徊千谷，细有曲水流觞之趣。山林水体蒸发为云雾而形成的局部小气候特征，以及潺潺流水的美妙音符，成为独特的山林生态环境景观。山林水体随山势而呈现为丰富多变的形态，其位置、清浊、明暗、色泽、动静都能诱发人们无尽的遐想和情思。

利用山石流水营造仿效自然佳境的溪涧景观，展示水景空间的迂回曲折和开合收放的韵律，是中国园林艺术中孜孜以求的上乘境界，不乏精品佳作传世；中国宅居园林于咫尺幅地中开池引水，多小中见大，师法自然，构成山水园的景观艺术中心。

中国是世界上泉水资源最多的国家，依托于青山、茂林、峭岩，清冽可观；辅以亭阁装点、文墨宣传，能成为极具吸引力的园林景观。郦道元《水经注》云：“泉源上奋，水涌若轮”，著名的济南趵突泉三窟并发，状如白雪三堆，声若隐雷，势如鼎沸。泉聚下行成涧，穿行于两山夹峙的山谷中，流水潺潺涣漾，于幽静中透出一派生意；溪河水量较大，多为山涧汇聚于峡谷或山麓，形成两山夹一水或一水绕青山的态势，最富山重水复、柳暗花明的景观意趣。

由山涧或溪河汇潴于山坡或山麓形成较大的湖面静态水景尤为妩媚，山体形象倒映在如镜的水中，上下天光交辉融合，内外关联不尽遐思。如：浙江杭州龙井九溪十八涧，起源于杨梅岭的杨家坞，入则幽深、不知所向，出则平衍、田畴交错，然后汇合九个山坞的细流成溪，清代学者俞樾有极为形象的写照诗：“重重叠叠山，曲曲环环路，咚咚叮叮泉，高高下下树。”

浙江临安·曲曲环环路

浙江临安·咚咚叮叮泉

北京故宫，又称紫禁城，为明、清两代的皇宫。明永乐年间（1406年）在元大都宫殿的基础上兴建，历时14年，主持设计者蒯祥（1397～1481，字廷瑞，苏州人）：后倚景山，西临中南海，占地72万平方米，建筑面积约15万平方米；拥有殿宇9000多间，黄瓦红墙，金扉朱楹，白玉雕栏，巍峨壮观。是世界上现存规模最大、最完整的古代木构建筑群，被誉为世界五大宫殿之一(北京故宫、法国凡尔赛宫、英国白金汉宫、美国白宫、俄罗斯克里姆林宫)，1987年12月被联合国教科文组织列入《世界文化遗产名录》。

威严庄重　规则对称

故宫建筑气氛依据其布局与功用而迥然不同，以乾清门为界：以南为外朝，是皇帝举行朝会的地方，也称为“前朝”；以北为内廷，是封建帝王与后妃居住之所，后有御花园。

从皇城正门天安门起，经端门、午门、太和门，这之间的一系列庭院内都无树木（现在端门前后的树是辛亥革命以后种植的）。当时人们去朝见天子，经过漫长御道，在层层起伏变化的建筑空间中行进，会感到一种无形的、不断增长的精神压力，最后进入太和门，看到宽阔的广场与高耸在三重台基上的巍峨大殿，这种精神压力达到顶点。而这正是至高无上的天子对自己臣民所要求的，如果在这些庭院内都种上树，绿荫宜人、鸟鸣虫嘶，将会破坏朝廷的威严氛围。

御花园位于紫禁城中轴线上，坤宁宫后方，明代称为“宫后苑”。始建于明永乐十八年 (1420年)，以后曾有增修，现仍保留初建时的基本格局。全园南北纵80米，东西宽140米，占地面积12000平方米；以钦安殿为中心，园林建筑采用主次相辅、左右对称的格局，布局紧凑，古典富丽，青翠的松、柏、竹间点缀着山石，形成四季常青的园林景观，是一处以精巧建筑和紧凑布局取胜的宫廷园林。

翠柏绿荫

湖光山色

万春亭、浮碧亭、千秋亭、澄瑞亭，分别象征春夏秋冬四季。北边的浮碧亭和澄瑞亭，是一式方亭，跨于水池之上，只在朝南的一面伸出抱厦；南边的万春亭和千秋亭，为四出抱厦组成十字折角平面的多角亭，屋顶是天圆地方的重檐攒尖，造型纤巧、十分精美。

由太湖石叠砌而成的堆秀山，依墙拔地而起，山高14米，是宫中重阳节登高的地方：叠石独特，磴道盘曲，山前有石雕蟠龙喷水，上顶筑御景亭，可眺望四周景色。地面用各色卵石镶拼成福、禄、寿等900余幅不同的图案，有人物、花卉、景物、戏剧、典故等，丰富多彩，妙趣无穷。

现存160多株古树的树龄多在300年以上，千姿百态、各领风骚：钦安殿前的连理柏象征纯真的爱情，堆秀山东侧的“遮阴侯”古柏有神奇传说；卧龙松、龙爪槐等虽老态龙钟，但枝繁叶茂、生机盎然。

位于东南角的绛雪轩，轩前有五株海棠树，花瓣飘落时宛如红色雪花纷纷降下一般，乾隆曾有“绛雪百年轩，五株峙禁园”的诗句。轩前琉璃花坛里有一簇极为罕见的太平花，是慈禧太后命人从河南移栽于此。

万春亭

浮碧亭

惟秀山·御景亭

连理柏

扬州何园，又名寄啸山庄，清光绪九年（1883年）由曾任汉黄德道（即汉口、黄冈、德安三地区道台）、江汉关监督的何芷舠归隐时营建，取陶渊明《归去来辞》以舒啸之意境，集为山庄之名。

“园林之妙在于借”已成造园之法，但旧日的徐凝门街，两旁民宅鳞次栉比，周围无景可借，这是建园一难；周围地势坦荡如砥，占地面积不过14000平方米，要想在江南园林中独树一帜，谈何容易？7000多平方米的建筑面积，布局严谨、层次分明，其考究精细、疏朗轩敞的处理手法令人称道，中物洋用、以人为本的独特风格更叹为绝妙，被《中国名园》、《中国名建筑鉴赏》等权威典籍收录，1988年由建设部公布为全国重点文物保护单位，2007年荣登全国首批二十座重点公园榜。国家文物局古建筑专家组组长、中国文物学会会长罗哲文先生赞誉：“寄啸山庄整体布局严谨，疏密有度，其中尤以北部花园为精彩绝妙之笔。”并于2005年题写“晚清第一园”。

高大的磨砖门楼之后为二门，门上串楼与楼下游廊扣合为复道回廊，把山庄巧妙地分隔成东西两部，于此左右分行。此外，还购得吴氏“片石山房”，形成前有小花园、后有大花园的宅院格局。

园以山奇，身手不凡：东北一角的贴壁假山，山石沿北墙逶迤西去折向东壁，在东北接踵处的峰巅有“月亭”可眺望园景，再西折上读书楼，绵延起伏60余米。此种包镶之法，不仅用材节省，而且使空间虚实结合，景有尽而意无穷，实为构园者处理特定局限地形的神来之笔。山因水活，缺一不可：东园贴壁山林前一湾曲水，池旁湖石或如峭壁凌空或如矶石俯瞰，山上葛藤倒悬，池内水中游鱼怡然，更有山色楼台倩影映水，让人由衷地赞叹道：“活了！”

东园贴壁假山

右转折入园的西部，却比东部大了许多：以水池居中，湖石围岸采用点石之法，高低错落、曲折有致；房廊绕其三面，而在西南角堆石成峰。池东水心有一方亭，南架曲桥、北置石梁，亭制尺度远较其他江南宅园中的要大；一是亭可作戏台，回廊可作看台，反映了园主人的实用主义倾向；二是《列子・汤问》载："渤海之东有大壑，其中有五山，三四方壶。"该亭称为"小方壶"，朱栏玉砌、绿树澄湖，方亭正是象征传统园林构想中神山仙阁的寓意。

罗哲文先生指点道："寄啸山庄的楼廊高二层，环抱水池，在其高低不同的视点中，园景产生不同变化，此为江南园林中的孤例。"

潘谷西先生评价："一是以水池为中心，假山体量虽大，却偏于一侧，不构成楼亭的对景；二是水池三面环楼，故可从楼上三面俯视园景，这不仅是扬州唯一孤例，也是国内其他园林中所未见的手法。"

复道回廊・水心亭（西园）

廊桥逶迤

悬桥高架

石桥简朴

木桥清秀

桥梁制式　四季景观

3. 继往传承一脉情

园林是自然风景景观和人为艺术景观的综合产物：丰富的自然景观，包括山岳平原、江海湖泊、森林植被、天象气候等；人文景观包含名胜古迹、文物珍品、民间习俗、地域风情及绝活技艺类等民族文化的瑰丽珍宝，是园林中的社会、艺术与历史性要素；工程景观主要指建筑主体、辅助设施、园林小品与室内陈饰等，如亭台楼阁、路桥山石、水岸铺装、楹联题刻，是我国古典园林中最丰富多彩、最特色鲜明的艺术表现手法。

中国自然山水宅园的创作理论总结为三个境界："生境"反映的是生活美和自然美，是现实主义创作方法的反映；"画境"反映的形象美、艺术美境界，要用艺术家的审美品位营造如画的宅园空间；"意境"反映的是理想美，是由触景生情而生的浪漫主义激情。意境在文学上是景与情的结合，见景生情、借景抒情、情景交融。如观赏花木的精神属性美，并非完全是观赏花木本身的固有姿态，而是对其加入人格化的因素，咏物喻志、颂花寓情，从而引向更深更高的道德伦理、人生哲理。

陈从周先生道：“园林之诗情画意即诗与画的境界在实际景物中出现之，通名之意境。”

意境联想是我国造园艺术的特征之一，丰富园林景物营造出的诗情画意，无不浸透着人类历史文化的精华，传达视物释义、触景生情的思想；园林意境就是通过意象的深化而构成心境应合、神形兼备的艺术境界，也就是主客观情景交融的艺术升华。

中国园林艺术深入人心、流芳百世，贯穿古今、经久不衰，一是有符合自然规律的造园手法，二是有符合人文情意的诗画文学。“文因景成，景借文传”，园林的意境美离不开人文的题咏：文景相依，才更有勃发生机；情景交融，方更显诗情画意。

情景交融

文景相依

扬州瘦西湖 · 二十四桥如虹

北京颐和园 · 十七孔桥似练

中国园林具有悠久的历史文明，在世界园林中树立着独特的民族风格。文人士大夫通过直接鉴赏大自然，或者借助于山水艺术的间接手段来享受山水风景之乐趣，也就成了他们的精神生活的一个主要内容。探求中国园林艺术的历史源头，继往中国园林艺术的博大精神，传承中国园林艺术的远古文明，当是宅居宅院花园营造与赏析的基本要务。

颐和园，原为封建帝王的行宫和花园。金贞元元年（1153年）修建“金山行宫”，明弘治七年（1494年）修建圆静寺，后建成好山园。1664年清廷定都北京后更名为“瓮山行宫”，乾隆十五年（1750年）改建为“清漪园”，瓮山改名万寿山，瓮山泊改名昆明湖。咸丰十年（1860年），英法联军疯狂抢劫并焚烧了园内大部分建筑，光绪十四年（1888年）在清漪园的废墟上兴建颐和园，光绪二十六年（1900年）又遭八国联军的野蛮破坏，1911年重新修复。

静香书屋重建，按旧时《扬州画舫录》的记载及清代档案中的效果图复制。建筑多以“半制”取胜，即舫为半舫，山为半山，亭为半亭，月洞门旁的美人靠也仅有一半；但这一个个的“半”又以廊墙或遮或掩，或放或收，只见山石扑朔迷离，花草千姿百态，打破了旧式园林的对称规整，显得轻灵活泼，举目四顾，意境非凡。著名红学家周汝昌先生曾指出，《红楼梦》最主要景点怡红院就是以此作为蓝本的。

半舫奇思

半亭妙想

窗景半透

石桥入户

绿水环绕

复廊起伏

石亭高踞

历史文化名城苏州，素以山水秀丽、园林典雅而闻名天下，其中“沧浪亭”、“狮子林”、“拙政园”和“留园”分别代表着宋（960～1278年）、元（1271～1368年）、明（1368～1644年）、清（1644～1911年）四朝的艺术风格，誉称为苏州“四大名园”，1997年12月被联合国教科文组织列入《世界文化遗产名录》：在有限的空间范围内，利用独特的造园艺术将湖光山色与亭台楼阁融为一体，把生意盎然的自然美和创造性的艺术美融为一体，令人不出城市便可感受到山林之美。它所反映出的造园艺术、建筑特色以及文人骚客们留下的诗画墨迹，无不折射出中国传统文化的精髓和内涵，透析出极为丰富的中华文化底蕴。

沧浪亭是苏州最古老的一所宅园，始建于北宋庆历年间（1041～1048年），南宋初年（12世纪初）曾为名将韩世忠的住宅。沧浪亭造园艺术与众不同：未进园门便设一池绿水绕于园外，园内以山石为主景。迎面一座土山，沧浪石亭便坐落其上；山下凿有水池，山水之间以一条曲折的复廊相连。假山东南部有主建筑明道堂，五百名贤祠、看山楼、翠玲珑馆、仰止亭和御碑亭等与之衬映。

狮子林始建于元至正二年（1342年），因园内石峰林立，多状似狮子，故名。狮子林主题明确，景深丰富，个性分明，假山洞壑匠心独具，一草一木别有风韵。占地面积约15亩，平面呈长方形，湖石假山多且精美。建筑分布错落有致，主要建筑有燕誉堂、见山楼、飞瀑亭、问梅阁等。

群狮咆哮

憨态可掬

俊态可喜

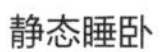

静态睡卧

动态腾跃

拙政园占地面积达62亩，是苏州最大的一处私家宅园，也是苏州园林的代表作；明正德年间（1506～1521年）修建，现存园貌多为清末时（20世纪初）所形成。设计主题以水为中心，池水面积约占总面积的1／5；建筑布局疏落相宜、构思巧妙，亭台轩榭多临水而筑，风格清新秀雅、朴素自然。

州六鸳鸯馆朴实

梧竹幽居清新

与谁同坐轩秀雅

见山楼典庄

小飞虹如梦

留园始建于明代，清时称“寒碧山庄”，占地约50亩。中部以山水为主，是全园的精华所在，主要建筑有涵碧山房、明瑟楼、远翠阁、曲溪楼、清风池馆等处。

留园的建筑数量在苏州诸园中居冠，其突出的空间处理充分体现了古代造园家的高超技艺和卓越智慧。

冬景瑞详

景亭灵巧

生机盎然

构思巧妙

清风悠然

梅林春早

景石雄浑

绿映念劬塔

石抱洗心泉

无锡荣氏梅园，原为清末进士徐殿一的小桃园旧址；著名民族工商业者荣宗敬、荣德生兄弟始建于1912年，借“为天下布芳馨”为宗旨，以梅饰山、借山映梅，与苏州邓尉山、杭州超山并称江南三大赏梅胜地。

1960年，园东拓后面积达860余亩，面临太湖万顷，背靠龙山九峰，建成横山、花溪、古梅奇石圃等三大景区，以老藤、古梅、新桂、奇石彰显高雅古朴风格。

2006年，凭借民国近代建筑被列为全国重点文物保护单位。

念劬塔，梅园的标志性建筑，八角三层，高18米，1930年荣氏兄弟为纪念其母80冥寿而建，取《诗经·小雅》“哀哀母心，生我劬劳”，以示对父母的怀念。

洗心泉，凿于1916年，荣德生先生专为其取名；泉侧石上，原有“物洗则洁，心洗则清，吾浚此泉，即以是名”的题跋。1983年重浚，刻石泉名由著名梅花育种专家陈俊愉教授重书。

花溪景区引种奇花异卉100多品种，并建有规模巨大的岩石景观：绿树巨荫与突兀大石相间，流水淙淙其间，倒映着蓝天白云，与群山融为一体。

新建的古梅奇石圃及梅林，展现梅花的人格化精神，更丰富了博大精深的梅文化。

荷兰园，则延伸了中外文化交流的内涵。

巨石夺天工

花溪流义情

欧式木屋姿

古梅孕新意

荷兰风情园

时尚花饰塔

素以园林取胜的扬州，自民国起便再无百姓造园，扬州玉龙盆景园艺场朱玉龙先生（1956年出生）现今却续写了这段历史，开了“新扬州人”建私家园林的先河，并填补了扬州南郊历史上即少园林的空白。

玉龙花苑，地处古运河三湾，像运河母亲胸前佩戴的一块绿色翡翠；园主历时近十年精心修建雕琢的私家园林，2011年决定将其无偿捐献给扬州市政府，随着三湾湿地公园的开发建设，已被纳入规划的玉龙花苑将成为一座园中园。

园广六亩有余，依据地貌形态、地势高下，分为东、中、西三园，相连又逐层递进构成，东部前濒小河，地形方整；中部西南走向，狭长而弯曲；西部亦方整，面积达2亩余，为主景园区。有堂三、亭三，楼二、桥二，长廊婉转迭落近200米；湖石山二、黄石山一，湖石、灵璧石、立峰若干，大小池二。盆景300多盆，更有一段数十万年松木化石。

园门东向，入门为东园。东园东南隅有湖石山，山下曲池清波西流，穿行于一白石拱桥之下，潆回于一座六角重檐“待月亭”前，止于园西南绿树荫中。园之北侧，东建长廊、中筑厅堂“居安堂”；厅西连以短廊，廊南折再接一小厅。园内建筑南疏而北密，长廊之后绿竹萧萧，竹间一湖石立峰似人长揖，主人谓为“玉女迎宾”。

园之西南隅辟有一月洞门进入中园，上方额“玲珑”。入门随竹间双面空廊婉转而前，东向厅堂门上悬“居仁乐苑”匾额，堂内陈设清雅，壁间多大家名人翰墨，堂前有绿竹掩映、古木苍茂，黄石高下参差其间。再向西南，路旁多榆桩、雀梅盆景，迎面而翼然者为听雨亭。

西园天地豁然开朗，隔离中、西园的花墙有翠竹紧贴，竹前建南北走向长廊，廊西凿地为曲池；池西水际叠湖石山，山之西建三楹南向厅堂：明间檐外悬“兰香雅室”横匾，堂内陈设多古典韵味，为迎宾饯客之所。堂后曲池之北有单面廊环绕遮户，堂内外有春兰清雅芳馨。西园南侧，黄石山面堂而立，东有小楼“凝玉”，西有高楼“景曦”，爬山廊起伏高下连接于两楼之间。景曦楼南园墙转角之黄石山上有一亭耸立，为眺望园外古运河三湾湿地风光佳处。山中道路盘纡、木荫藤悬，山麓置五针松盆景数十、一派苍翠。园西北曲廊之西，有便门通园后花木苗圃。

园门端庄

绿竹长廊（前居中者为园主）

盆景园鸟瞰

二、宅居花园的风格与情趣

庭院既是户外活动的场地，同时也作为邸宅内部的交通和公共交往的枢纽，在民居建筑中占有重要的地位。为了增加宅居环境的生活气氛，淡化其严谨格律，在庭院空间内往往进行适当的园林艺术处理，把虚、实的关系转化为人工氛围与自然环境的相互补充，使得两者交融协调。

1. 小桥流水中式表意

桥，本是涉水而过的交通便捷设施，但嵌入园林后的形制与功能都发生了很大的变化。

虹，是雨过天晴后横跨大地的一架绚丽的彩影。

长桥如练　身轻似燕

虹连虹——江苏扬州·瘦西湖大虹桥

虹映虹——江苏昆山·周庄方桥

古人以虹喻桥，用意绝妙：它不仅是连接水面和陆地的通道，而且构成了以桥为中心的独特景观。

“扬州好，第一是虹桥，杨柳绿齐三尺雨，樱桃红破一声箫，处处是兰桡。”（费轩·扬州梦香词）虹桥，建于明崇祯年间，原为木构，围以红栏，故名“红桥”：“朱栏跨岸，绿杨盈堤，酒帘掩映，为郡城胜游地。”

清初名士王士祯吟道：“红桥飞跨水当中，一字栏杆九曲红。日午划船桥下过，衣香人影太匆匆。”清乾隆元年（1736年），郎中黄履昂改建为单拱石桥，如同虹卧于波，改称“虹桥”。

今日虹桥扩建为宽7.6米的三孔低坡青石桥，形式更为壮观，成为进入瘦西湖的陆上东路门户；登桥极目北眺：波平如镜、水天交碧，竟不知是云沉湖底，还是树映天上。

周庄，江苏省昆山市的一个古镇，四面环水，犹如泊在湖上的一片荷叶散发着淡淡的清香。

周庄是水哺育长大的，面对大自然这九曲回肠的地域组合，周庄人并不是用精卫填海的办法来改变千姿百态的河湖港汊，而是用座座桥梁相亲相爱地连在一起：无桥不成路，无桥不成镇。桥与日月相伴，桥与流水媲美，桥与人家相亲，桥与小街相连："吴水依依吴水流，吴中舟楫好夷游"，小桥、流水、人家，默默驮过无数交替的日月星辰，千百年来淳朴典雅的风韵依然。

周庄的桥，或大或小，或曲或伸，或古朴或新颖：有祈求富裕安康的富安桥，有因周庄古名贞丰里而得名的贞丰桥；而最能体现古镇神韵的当属双桥，由一座石拱桥和一座石梁桥组成，陈逸飞先生以此创作的名画开启了周庄走向外面世界的大门。

周庄是水的世界，清粼粼碧泱泱的南北市河、后港河、由车样河、中市河，像四条透亮飘柔的玉带绕镇而过。水泱泱、绿树掩映的沈厅，轿从前门进、船自家中过的张厅，以及小镇上一家家粉墙篱窗的房屋，充满着幽谧的水乡气息。那幽深冷清的石板巷，那巷中袅袅升起的炊烟，和星星点点的水渍、泥印，犹如古诗般美得令人心醉。面对这片宁静之水，久居喧闹都市的现代人心里种种欲念都会淡然隐去，剩下的唯有对这醇美空灵境界的向往。

双桥神韵　方圆益彰

九曲回肠

虹落月圆

春波桥高悬

红桥便捷秀珍

闸桥升启自如

廿四桥虹渡

直梁桥奇思

曲梁桥妙想

园林中的桥，兼有交通组织和艺术欣赏的双重作用：联系风景点的水陆交通，组织游览线路，变换观赏视线，点缀水景，增加水面层次。如：扬州瘦西湖风景区的春波桥、五亭桥、二十四桥及红桥等，造型迥异，做工精美。

而在小空间的宅居花园内，用加工石梁、石拱构成的微型桥，则更显几份飘逸，数点奇思。

材质迥别、形制各异的桥，在宅居花园中的艺术价值主要是迎合山水园林的营建表达和抒情解颐，以增添无穷的韵味、不尽的魅力。其基本形式有：

1）平桥。以桥墩作水平距离承托，然后架梁并平铺桥面，又称梁桥，一般布置在小河、溪流等宽度不大或宽而不深的水面上。外形简洁，有直线形和曲折形之分。直线形的平桥适于较小跨度的水面，简朴雅致。

曲折形的平桥是中国园林中特有的形式，有三折、五折、七折、九折之分，通称“曲桥”。其作用主要在于延长行程以扩大空间感，正所谓“园路常曲，平桥多折”；也有的用来陪衬水上亭、榭等建筑物，更显妩媚。

断桥御接

长桥飞渡

简朴厚重

秀珍精致

曲折如练

虹架飞渡

2）拱桥。因其“长虹偃卧，倒影成环”的优美的形态，在园林中有着独特的造景效果，也备受造园者的青睐。

宅居花园中多见的为单拱桥，造型优美，曲线圆润，形如垂虹卧波，富有动态感；拱券呈抛物线形，多采用砖、石或钢梁、混凝土结构。多孔拱桥适于跨度较大的宽广水面，常见的多为三孔、五孔、七孔。

简洁秀美

华丽端庄

古朴典雅

3）亭桥、廊桥。加建亭、廊的桥，既可供游人遮阳避雨，又增加桥的形体变化。

廊桥，有的与两岸建筑或廊相连，如明代拙政园“小飞虹”，长8.60米，宽1.48米，凌空飞架水面之上，形制很特别。

廊下的桥体为三跨石梁，东西两跨呈斜坡状八字形微微拱起，使这条水上长廊成弓形，宛若飞虹；桥两端与曲廊相连，水波粼粼，朱红色桥栏倒映水中，是苏州园林中唯一的一座精美廊桥。整条长廊三间八柱，有两两相对的八根黑漆圆柱稳稳架起廊顶，廊顶上铺设黛瓦，长廊内垂吊古色古香的宫灯盏盏；两边花边滴水檐，檐下饰以镂空花边挂落。桥面两侧设有朱红色万字木护栏，廊东悬一横匾，上书“小飞虹”，取宋代鲍昭《白云》诗：“飞虹眺秦河，泛雾弄轻弦。”文徵明有小飞虹图咏：“知君小试济川才，横绝寒流引飞渡。”

亭桥，如扬州瘦西湖的五亭桥，多孔交错、亭廊结合，形式别致，就似一条蛮腰丝带紧束，更显出无比迷人的风姿。

“扬州好，高跨五亭桥，面面清波涵月影，头头空洞过云桡，夜听玉人箫”。桥的跨度连斜阶全长55.3米，12座大块青石砌成的桥墩形成的桥基，比起普通桥梁多了四翼，两端为宽阔的石阶，完全是一种阳刚之美，给人以厚重有力的感觉。五亭桥的艺术奇妙之处是五亭由短廊连接形成的完整屋面：中亭较高，瓦顶重檐，四角攒尖顶；翼角四亭对称，皆为单檐，亭挑四角、檐牙高啄。五亭都是朱红亭柱、金黄瓦顶、彩绘雀替；亭上有宝顶，四角悬风铃，亭内天花板上有图案精妙的彩绘藻井。逢八月中秋之夜，月朗高悬之时，各个券洞内都衔有一个水月，形成众月争辉、银光荡漾的美景。

4）踏步桥。园林中称为点式桥或跳墩子，一种较特殊的园桥类型，指在池塘、泉流等浅水中按一定间距散置的天然石块，微露水面，跨步而过；汀步，又称步石、飞石，一种古老的渡水设施，质朴自然、别有情趣。

其中，自然式汀步主要指采用天然的石块布置的踏步桥，规则式汀步则是用石材雕琢或耐水材料砌塑成圆形、方形、树桩式、荷叶式等造型。

廊桥飞虹

亭桥连花

自然式汀步

规则式汀步

线瀑

散瀑

瀑布是山间溪涧在流经较大的地势高差处跌落而成的动态水景，似万马奔腾，若白雪银花，是高山流水的精华所在，其形态各异，声色有别，气势磅礴，撼人心弦。

人工瀑布的形式，依据地势条件，有瀑布、水帘、跌水、水涛、管流、漩涡等，不一而足。

高山流水 白雪银花

丰富的自然瀑布景观常年奔流不息，令山峰动色，使大地回声，是宅居花园中叠山造景的蓝本精髓：有的似一衣带水迭转而下，雄姿飞舞；有的像宽阔水帘漫落奔腾，画面壮丽；凡落差不大的瀑布，多做成小散瀑，将山石立面叠构成凹凸不平的斜面，把瀑面分成高差不一的数股，以更显贴切自然。

跌水

帘瀑

湍流

飞瀑

一衣带水　千回万转

喷泉原是一种自然景观，是承压水的地面露头。

喷泉可以湿润周围空气，减少尘埃，降低气温；喷泉的细小水珠同空气分子撞击，能产生大量的负氧离子。

家居宅院中的喷泉，一般是为了造景需要而人工建造的装饰性喷水装置，有益于改善宅居容貌和增进身心健康。

管涌

射流

泉涌

喷溢

中国古典园林崇尚自然，力求清雅素净、富于野趣，在园林理水方面重视对天然水态的艺术再现。

据《汉书·典职》载，汉上林苑中有“激上河水，铜龙吐水，铜仙人衔杯受水下注”的设施；《贾氏谈录》载，唐华清宫御汤池中“有双白石莲，泉眼自瓮口中涌出，喷注白莲之上”。

喷泉景观可以分为两大类：一是因地制宜，根据现场地形结构，利用或仿照天然水景制作而成，其形式有涌泉、壁泉、雾泉等。二是完全依靠喷泉设备人工造景，近年来程控喷泉发展很快、种类繁多，如：旋舞喷泉、律动喷泉、音乐喷泉、灯光喷泉等。

西方喷泉制作技艺，公元前6世纪在巴比伦空中花园中已有应用，古希腊时代就已由饮用泉逐渐发展成为装饰性的泉。1747年，清乾隆皇帝在圆明园西洋楼建“谐奇趣”、“海晏堂”、“大水法”三大喷泉，开西式人工喷泉建造欣赏先河。

喷射 泉涌 旋舞 旋喷 律动 灯光 音乐

2. 沙池石笼日式精致

日本庭园的传统风格具有悠久的历史。早先受中国苑园的启发，形成东方系的自然山水园；又根据本国的地理环境、社会历史和民族感情创造出了独特的日本风格，并逐渐规范化。直到明治维新以后才随着西方文化的输入，增添了西式造园形式和技艺。

日本的古代宫苑庭园全面地接受了中国汉唐以来的宫苑风格， 属于东方系的自然山水园，多在水上做文章：掘池以象征海洋，起岛以象征仙境，布石植篱、瀑布细流以点化自然，并将亭阁、滨台（钓殿）置于湖畔绿荫之下，以享人间美景。

离宫书院式

枯山水式

武士书院式

平安时代，“一池三山”的格局进一步发展成为具有民族特点的“水石庭”，池和岛的主题表现已经形成：池中设数岛，其中最大的岛称为中岛，庭前近水处架设石桥或平桥。《扶桑略记》载鸟羽殿苑池：“鸟羽地营造，池广南北八町，东西六町，水深八尺有余，沼近九重之渊，或模于苍海作岛或写于蓬山跌宕。”

离宫书院式庭园是独具日本民族风格的一种形式：中心有大水池，池心三岛有桥相连；池岸曲绕、山岛有亭、水边有桥，园中道路曲折回环联系，轩阁庭院有树木掩映，石灯笼、蹲配石组布置其间，花草树木极其丰富多彩。

武士家的书院式庭园则和实际生活紧密相关，造庭趋于简朴。主题仍以蓬莱山水为主流，石组多用大块石料形成宏大凝重的气派，还把成片的植物修剪成自由起伏的不规则状态，使总体构成大书院、大石组、大修剪的宏观特点。

日本园林的精彩之处在于小巧而精致，枯寂而玄妙，抽象而深邃。大者不过一亩有余，小者仅几平方米，而表达的内容却是化外的另一番天地，用这种极少的构成要素达到极大的意蕴效果，老子曰：“大音希声”，“大象无形”。

中国宋代的饮茶风气传入日本后形成茶道，上层封建人家以茶道仪式为清高之举，茶道和禅宗净土结合之后更带有一种神秘色彩，茶道往往把茶、画和庭三者组合品赏。茶道净土的环境要求导致造庭形式出现了茶庭，用园林的环境塑造来图解《法华经》中“长者诸子，出三界之火宅，坐清凉之露地”的章句。石灯笼、洗手钵和飞敷石的陈设增加了幽奥的气息，阶苔生露、翠草洗尘更有如禅宗净土的妙境，成为茶庭园的特点。

枯山水内诞

石灯笼、洗手钵陈设

阶苔生露　翠草洗尘

白沙

黑石

枯山水从抽象手法出发，诠释了儒、道、佛三家的画外之音，幽远意境、简朴幽静。利用夸张和缩写的手法创造出独特的民族风格：池面呈“心”形，池岸曲折多变，从置单石发展到叠组石，再进一步叠成假山，植树远近大小与山水建筑相配合。

以白沙和拳石象征海洋波涛和岛屿，其意境来源于中国的水墨画：黑色象征峰峦起伏的山景，用白沙敷成“溪水”并耙出流淌的波纹以示“溪流”；高度概括出“无水似有水，无声寓有声”的山水意境，充分表现了含蓄而洗练的性格。

日本京都龙安寺·联合国世界文化遗产

日本造园要素提介：

（1）石组。石象征“山”，有永恒不灭、精神寄托的含意。石组是指在不进行任何人工修饰加工状态下的自然山石组合，一般有三尊石、须弥山石组、蓬莱石组、鹤龟石组、七五三石组、五行石和役石等。

三尊石

五行石

蓬莱石组

鹤龟石组

鹤龟石组

飞石 · 洗手钵

飞石 · 竹篱

飞石 · 内室

飞石 · 庭门

延段 · 竹篱

延段 · 石灯笼

（2）飞石、延段。日本庭园的园路一般用沙、沙砾、切石、飞石和延段等做成，特别是茶庭使用飞石和延段较多。

飞石类似于中国园林中的汀步，供脚踏用；石块组合通常分四三连、二三连、千鸟打等，“六分走道，四分景色”。

延段即由不同石块、石板组合而成的石路，石间距成缝状，不像飞石那样明显分离。

（3）潭和流水。潭常和瀑布成对出现，按落水形式不同分为向落、片落、结落等10种。为了模仿自然溪流，流水中设置了各种石块，转弯处有立石，水底设底石，稍露水面者称越石，而起分流添景之用者则称波分石。

流水 · 石灯笼

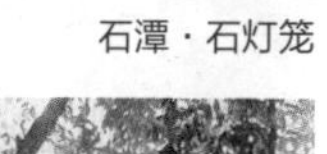

石潭 · 石灯笼

流水 · 小桥

石潭 · 竹篱

（4）石灯笼。最初是寺庙的献灯，后广泛用于庭园中。其形状多样，一般有春日形、莲华寺形、雪见形和奥院形等；石灯笼的设置，根据庭园样式、规模、配置地的环境而定，不一而足。

茶庭外置　役石组合
水景组合　居室外设　公园组合
寺庙献灯　枯山水组合　内庭组合

（5）石塔。可分为三重塔、五重塔和多层塔等数种，其中体量较大的五重塔、多层塔可单独成景，体量较小的三重塔可作添景，一般情况下避免正面设塔。

寺庙组合

林地组合

枯山水组合

湿地组合

缘手水钵

蹲踞

蹲踞

半立手水钵

立手水钵

（6）手水钵。洗手的石器，可分为见立物、创作形、自然石、社寺形等几种。较矮的手水钵一般旁配役石，合称蹲踞；较高者，称立手水钵；如水钵与建筑物相连，则称缘手水钵。

（7）役木。日本庭园中的树木多加以整形，称其为役木。役木分为独立形和添景形两种，独立形役木一般作主景观赏，添景形役木则配合其他物件使用，如配合石灯笼造景的灯笼役木。

添景（石灯笼）

独景（五针松）

独景（龙柏）

添景（枯山水）

组合（龙柏）

独景（油松）

（8）庭门、轿房。庭门和轿房形式较独特，种类也丰富。

木庭门

竹庭门

竹帘庭门

多人轿房

双人轿房

单人轿房

（9）竹篱。日本多竹，竹篱十分盛行，做工十分考究。

内庭组合

外院隐蔽

围合造景

室外隔离

庭院围护

3. 规整对称欧式简趣

古希腊庭园的历史相当久远，公元前9世纪的史诗中歌咏了400年间的庭园状况：大的达1.5公顷，周边有围篱，中间为领主的私宅。庭园内的花草树木栽植得很规整，梨、栗、苹果、葡萄、无花果、石榴和橄榄树等，终年开花，结实不断，园中还留有生产蔬菜的地方；特别在院落中央设置有喷水池，其水法创作技艺，对当时及以后的世界造园工程产生了极大的影响，尤其对意大利、法国的水景造园影响更为明显。

公元前5世纪，古希腊人渡海东游从波斯学到了西亚的造园艺术，庭园从此由果菜园改造成装饰性的庭园：住宅方正规则，其内花木栽植整齐；最终发展成的柱廊园改进了波斯造园布局形式，喷水池占据中心位置的有序整形园，在联系西亚和欧洲早期庭园形式与造园艺术方面起到了过渡作用。

水景律动

从1784年发掘的庞贝城遗址中，可以清楚地看到有明显轴线且方正规则的柱廊园布局形式：住宅围成方正的院落，沿周排列居室。中心为庭园，由一排柱廊围绕成边界，廊内墙面上绘有逼真的林泉或花鸟，利用人的幻觉使空间产生扩大的效果；园内中央有喷泉和雕像，四处有规整的花木和葡萄篱架。柱廊后边和居室连在一起，更有的在柱廊园外设置林荫小院，称之为绿廊。

古罗马的山庄或庭园极为规整，绿地装饰已有很大的发展，如图案式的花坛、修饰成形的树木、迷阵式绿篱，园中水池更为普遍。在公元5世纪以后的800多年里，由于十字军东征带来了东方植物及伊斯兰造园艺术，修道院的寺园则有所发展：寺园四周环绕着传统的古罗马廊柱，其内修成方庭，分区栽植玫瑰、紫罗兰、金盏草等，还有设置在医院和食堂附近的专用药草园和蔬菜园。

树阵如兵

墙篱如垒

模纹宫殿

西方最早的园林专著《论造园艺术》（1638年，法国古典主义造园家布阿依索）认为：“如果不加以条理化和安排整齐，那么人们所能找到的最完美的东西都是有缺陷的。” 17世纪下半叶，法国造园家勒诺特提出要“强迫自然接受匀称的法则”；他主持设计的凡尔赛宫苑占地100公顷，开辟大片草坪、花坛、河渠，可谓是一项改造自然的庞大工程；设计师大胆地将几条河流改道，并制造大型抽水机把水抽到150米的高处；喷泉用水以及表演用水都存储在专门的湖泊和水库中。工程浩大的十字形人工运河伸展在园中央部位，1400多个出自怪兽口的不息喷泉和塞纳河相连，极富欧洲古典浪漫的气氛，使人流连忘返；创造性的宏伟华丽园林风格代表了法国整个黄金时代的顶峰，几百年来的欧洲皇家园林几乎都遵循了它的设计思想。

凡尔赛宫占地6.7平方公里，从东向西由练兵场、宫殿和园林三部分组成；贯穿东西的中轴线长3公里多，向东延伸穿过凡尔赛镇，向西穿过整个园林；宫殿、园林的布局南北呼应，最宽处约2公里。作为法国建筑文化鼎盛时期的古典主义艺术结晶，凡尔赛宫不仅创立了宫殿和园林的新形制，而且在规划设计和造园艺术上都被当时欧洲各国所效法或直接模仿。

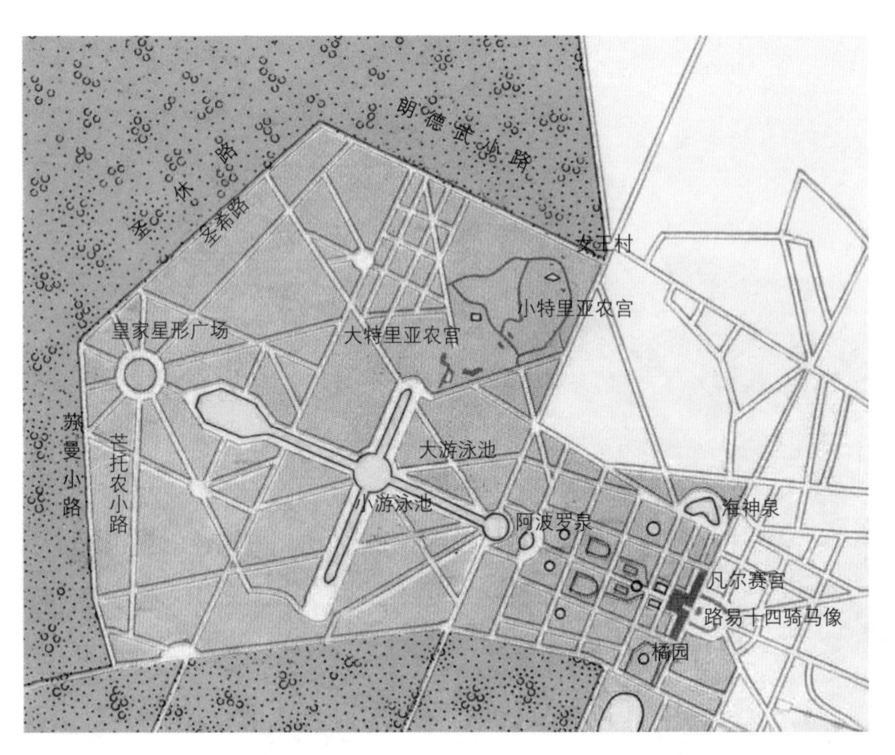

凡尔赛宫平面规划示意图——生态理念

凡尔赛宫鸟瞰景——君权体现

凡尔赛宫主体长707米，中央是呈东西走向的正宫，两端与南宫和北宫相衔接形成两翼，为对称的几何图案。宫前练兵场是向东张开的扇形，中心角为60°，有3条放射状的大道向东伸展出去，中间一条直通巴黎。路易十四骑马的铜像屹立在中轴线上，在观感上使凡尔赛宫宛如是整个巴黎乃至整个法国的集中点，体现了当时的中央集权和绝对君权观。

由大运河，瑞士湖和大、小特里亚农宫组成的凡尔赛宫花园，是典型的法国式园林艺术的体现：望不见尽头的两行古树，俯瞰着绿色的草坪、绿色的湖水；千姿百态的大小雕像或静立在林荫道边，或沐浴于喷水池中；大小花坛一畦一样，青青的小松树被有条理地一律剪成圆锥形，布局匀称、有条不紊。

宫殿向西是大面积的园林，大体均等地分布在中轴线两侧，从东向西分为3个区域，分别是花园、小林园和大林园，越向西面积越大。

花园东西宽约200米、南北长约1000米，中心有一对大水池。南半部是规则的绣花形花坛，最南部是一处地坪下降约5米的橘园，有对称的水池和盆栽大树；北半部有绣花形花坛和树林，最北端是面积2万平方米的大水池和海神喷泉。

花园向西地坪下降约5米，进入小林园，面积是花园的3倍。规则的道路把小林园分为12块林地，每块林地中有不同的游径、迷宫路、水池、水法场和喷泉。小林园中轴线上的大道称为王家大道，主题歌颂太阳神阿波罗，道心有草坪，道旁排列雕像；大道东西两端各有一个喷泉水池，池中分别有拉朵娜和阿波罗组合雕像，也就是歌颂号称太阳王的路易十四。

小林园再向西即进入大林园，中轴线长度超过2公里，变成一条宽大的人工河，在中点与一条横向的人工河十字相交，如同巨大的十字架。南端有动物园，北端有大、小特里亚农庭园各一个：小特里亚农庭园掇山叠石，是仿中国式林园；大林园内全是高大的乔木林，树木郁郁葱葱。

正宫后面是由安德烈·勒诺特设计建造的法兰西式大花园，风格独特：有统一的主轴、次轴，对景、构筑整齐划一；园内道路、树木、水池、亭台、花圃、喷泉等均呈几何图形，透溢出浓厚的人工修凿的痕迹，亦体现出路易十四对君主政权和秩序的追求。两个明镜般的大水池位于宫殿的正后方，左右对称、碧波荡漾；水池中倒映的凡尔赛宫雄姿，看上去规模巨大，似绵延数千米。园林共有1400处喷泉、瀑布、雕塑、装饰品和各种几何形状的花坛：众多的喷水池星罗棋布，点缀其间，沿池而塑的铜雕风姿多态，美不胜收，且多有美丽的神话或传说。园中有20多万株树木，宽阔的道路两旁种满对称又整齐的树林，树木被别具匠心地修剪成几何形；繁花似锦的花圃中，花草排成规整美丽的大幅图案。长、宽分别为1650米×62米和1070米×80米的大、小运河，呈十字交叉排布在中轴线上，又增添了几多天然氛围。

中心大道西视景观

中心大道东视景观

大运河壮阔

大草坪壮丽

英国民族传统观念较稳固，有其自己的审美传统与兴趣、观念，尤其对大自然的热爱与追求，形成了独特的园林风格。

14世纪开始改变古典城堡式庄园，转成与自然结合的新庄园：一是庄园主领地内的丘阜南坡之上，称“杜特式”庄园，利用丘阜起伏的地形与稀疏的树林、绿茵草地以及河流或湖沼，构成秀丽、开阔的自然景观，可用“疏林草地风光”概括其自然风景的特色；庄园的细部处理也极尽自然格调，如用有皮木材或树枝作棚架、栅篱或凉亭，周围设木柱栏杆等。二是城市近郊庄园，外围设隔离高墙，但高度以利于借景为度；园中央或轴线上筑有“台丘”的土山，一般为多层，设台阶、盘曲蹬道相通，台丘上建亭与否皆可；园中也常模建意大利、法国式的方形或长方形植坛，以黄杨等作植篱，组成几何图案或修剪成各种样式。

城堡式庄园

杜特式庄园

规则式修剪花园

几何形整齐植坛

17世纪60年代起，英国模仿法国凡尔赛宫苑，刻意追求几何形整齐植坛，而使造园出现了明显的人工雕饰，破坏了自然景观，丧失了自身的优良传统。如伊丽莎白皇家宫苑、汉普顿园和却特斯园等，一律将树木、灌丛修剪成建筑物形状、鸟兽物像和模纹花坛，园内的布置奇形怪状，而原有的树丛绿地却遭严重破坏。培根在其《论园苑》中指出：园地充满了人为意味，只可供孩子们玩赏。

18世纪的工业革命使英国成为世界上头号经济大国，国貌大为改观，人们更加热爱自然，重视自然保护。当时英国生物学家也大力提倡造林，文学家、画家发表了较多颂扬自然森林的作品，出现了浪漫主义思潮；而且庄园主对刻板的整形园也感厌倦，加上受中国园林等的启迪，园林师注意从自然风景中汲取营养，逐渐形成了自然风景园的新风格。

W. 肯特在园林设计中大量运用自然手法，改造了白金汉郡的斯托乌府邸园：园中有形状自然的河流、湖泊，起伏的草地，自然生长的树木，弯曲的小径。继后，其助手L.布朗又加以彻底改造，除去一切规则式痕迹，全园呈现出牧歌式的自然景色。此园一成，人们为之耳目一新，争相效法，自然风景园相继出现，形成了“自然风景学派”。

规则整形式庄园

自然风景式庄园

处于地中海门户的西班牙面临大西洋，多山多水，气候温和。公元6世纪起定居的古希腊移民带来了古希腊的文化，被古罗马征服后的造园是模仿古罗马的中庭式样。公元8世纪被阿拉伯人征服，伊斯兰教造园传统进入，公元976年出现了礼拜寺园；公元15世纪末阿拉伯统治被推翻后，西班牙造园转向意大利和英法风格。

红堡园

矩形庭院（桃金娘宫）

橘树（狮庭）

回廊庭院（狮庭）

格拉纳达的建造在内华达山余脉上的阿尔罕布拉宫，原是摩尔人作为防御要塞而修建的城堡，因围墙全用红土夯成而得名，是伊斯兰建筑、园林艺术在西班牙最具代表性的作品，在欧洲独具一番风格：红堡园自1248年始建，前后经营100余年，由大小6个庭院和7个厅堂组成，布局工整严谨，气氛幽闭肃静，各庭之间都以洞门连通，漏窗相隔，园庭内五色石子铺地斑斓洁净，十分透亮。

其中，桃金娘宫建于1250年，矩形庭院南北长约47米，东西宽约33米，7米宽、45米长的中央水池贯穿庭院，南北两端各有一处小型喷泉；水池两侧各有3米宽的桃金娘绿篱，因此得名。

建于1377年的狮庭最为精美，庭院东西长29米，南北宽26米，124根大理石柱围合成回廊，两端柱廊的中部向庭院凸出，在中轴上构成方亭；柱间的拱券以精美的椰树叶片形状透雕使得柱廊如同椰林一般，象征天堂的十字形水渠将庭院四等分，中心一座大喷泉圆形水盆的四周由12个石狮围成一周，狮庭之名由此而得。绿地只栽橘树，其他各庭栽植松柏、石榴、玉兰、月桂，以及各种香花等。

三、宅居花园的建筑与小品

建筑艺术是民族文化和时代潮流的结晶，园林首先就是一种精巧的建筑艺术，并形成了独特的建筑体系。宅居花园中包括亭台廊榭、楼堂厅轩、叠山水景、围墙栏杆等在内的建筑与小品，体量轻盈、造型别致，在造园中具有简洁明快、画龙点睛的神奇功效，是园林韵律构成元素中不可忽视的欣赏点。

山水相依

旱地勿律

1. 叠山理水品位先

山嵌水抱一向被认为是最佳的自然成景态势，也反映了阴阳相生的辩证哲理；中国山水画派着意“咫尺之内，而瞻万里之遥，方寸之中，乃辨千寻之峻”。（《续画品并序》）其画理常指导掇山理水，其风格亦影响造园意匠。

造园家李渔认为：“幽斋垒石，原非得意。不能置身岩下与木石居，故以一拳代山，一勺代水，所谓无聊之极思也。”

1）一拳则太华千寻

（1）叠山置石。在园内使用天然石块堆筑成山的特殊技艺称为“叠山”，匠师们凭借不同石材的造型、纹理、色泽，以多种堆叠风格创作形成的若干流派，集中体现“浓缩自然于一苑”的理念，展现出中国古典园林艺术源于自然、高于自然的魅力。

园林叠石就在于遵循“峰与效合，破自峰生”，“依较合缀”的画论，运用高度技巧将小石拼镶成巨峰，其石块的大小、纹理组合巧妙，拼接之处有自然之势而无斧凿之痕。

中国园林以表现“多方胜景，咫尺山林”见长，“夫理假山，要人说好，片山块石，似有野致”（计成《园冶》）。我国名园中现存的优秀叠山作品，一般高不过八九米，贵在以小尺度而创造出峰、峦、岭、岫、洞、谷、悬岩、峭壁等的形象写照，从堆叠章法和构图经营上概括、提炼出天然山岳的构成规律，在有限的空间地段上幻化成千岩万壑的气势。

扬州何园的小花园“片石山房”有完美的体现：四边水色茫无际，别有寻思不在鱼。莫谓此中天地小，卷舒收放卓然庐。片石山房建于清乾隆年间，一名双槐园，据传出自“扬州八怪”之一石涛的手笔，分东山和西山，皆以湖石叠就：“一峰突起，连岗断堑，有服有骨，有开有合。”

东向是一横长的倚墙假山，转角向南与墙头游山高低错落，山巅有百年小叶罗汉松一株，更使山有古拙之感；西首的主峰高近十米，挺然高出园墙，山顶寒梅一株已逾百年，更觉幽深寒冷。总体布局为“外实内空”：上有蹬道可攀，中有山屋可居，山麓水边有汀步可跨。山麓藤蔓之中藏一洞口，入洞初觉狭窄，进内竟然是方形石屋两间，顿时领悟该景原指片石堆叠的山中洞府。

石峰前一渐清池，岚影波光、上下辉映。南岸有明末楠木厅一座，西山墙建不系舟一艘，倚于美人靠上，俯观水中游鱼、细石清晰可见，远眺“片石山房”水动、船行体验。可贵者主峰、水榭、不系舟、楠木厅等以曲廊周接，厅前山后，或种一树，或点一石，妙手天成，令人叫绝。

西峰高耸

东山横亘

波光岚影

映月奇观

形象生趣

纹彩精致

影像典雅

玲珑剔透

冠云峰玲珑

独乐峰厚朴

叠石为山的风气盛行，几乎达到“无园不石”的艺术境界，石成为庭园中的重要造景素材，石本身也逐渐成了人们鉴赏品玩的对象：叠山更多地侧重于视觉高度，而置石则有表达情趣的作用，如刘熙载《艺概》中云：“怪石以丑为美，丑到极处，便是美到极处。”

选择整块天然石材陈设在室外作为观赏对象的做法叫作“置石”，选用石材不仅具有“瘦、漏、透、皱”的优美奇特造型，特别是立峰更显险峻之美，能够引起人们对耸山高峰的联想，即所谓“一拳则太华千寻”，故又称之为“峰石”。

北京恭王府“独乐峰”，北方湖石，高约8米，线条流畅，寻思无穷，立于此有影壁的作用。

苏州留园“冠云峰”，南方湖石中极品，高6.5米，玲珑剔透，集太湖石“瘦、皱、漏、透”四奇于一身，相传为宋末花石纲中的遗物，留园三绝之一。

小型家居宅院的置石，则宜精致、玲珑或典雅、生趣。

园林山石的种类丰富，现代家居宅园中常用的有以下几类，可以根据场地的具体情况和个人爱好进行设计选择。

黄石：细砂岩，色赭黄，灰黑不一，产于江苏常州、安徽巢湖一带。材质较硬，因风化冲刷所造成崩落沿节理面分解，形成许多不规则多面体，石面轮廓分明，锋芒毕露。

湖石：石灰岩，色以青黑，白、灰为主，产于江苏、浙江一带山麓水旁。质地细腻，易为水和二氧化碳溶蚀，表面产生很多皱纹涡洞，宛若天然抽象图案一般。

英石：石灰岩，色青灰、黑灰等，常夹有白色方解石条纹，产于广东英德一带。因山水熔融风化，表面涡洞互套、褶皱繁密。

石笋石：竹笋状灰岩，色淡灰绿、土红，带有眼窠状凹陷，往往三面风化。产于浙江常山、江西玉山一带，形状越长越好看。

沉积岩：铁灰色中带有层层浅灰色，产于江苏、浙江、安徽一带。变化自然多姿，有多种类型、色彩。

斧劈石：具竖线条的丝状、条状、片状纹理，又称剑石，有浅灰、深灰、黑、土黄等色，产于江苏常州一带。外形挺拔有力，但易风化剥落。

陈从周教授《说园》曰：“石无定形，山有定法。”叠石、堆山不同于建筑设计，难以用图纸表述，更难做到按图施工。

因此叠山之事，可谓因材施法，且在很大程度上凭借胸有定势，技艺娴熟，方能虚实有致、造法自然，实非常人能够担当。可叹的是，如今的园林叠山作品似每况愈下，能入眼的甚少：有的不顾纹理，胡乱堆砌；更有的不分石种，胆大妄为。

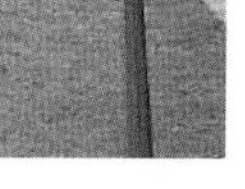

横亘连绵

空灵飘逸

崇山峻岭

山高林密

（2）分峰造石。即采用不同的山石堆叠各异的山峰，形成个性鲜明的山景；再将诸多山景汇于一园，相互映衬比照，给予技艺高超、意念隽永的美感享受。《园冶》云："园中掇山，非士大夫好事者不为也。"点出了叠山置石所需的高超技艺与苛求品位，故在现存古典园林中留世的上乘佳作并不多见。

园中置景独特、构撰巧妙：竹居三一、石居三一、人居三一，分而独立成章、各奏华彩，合而大化天成、高潮迭起，是最具扬州地方特色的私家住宅园林。造园以竹石为主，于疏朗开阔之中别有一种曲折幽深、浑然一体的境界：植竹以品种丰富为旨归，万竿千姿、蔚为大观；叠山以分峰用石为特色，闻名遐迩、南北称奇。

陈从周先生在《扬州个园》文中写道："个园以假山叠石的精巧而出名。在建造时，就有超出扬州其他园林之上的意图，故以石斗奇，采取分峰用石的手法，号称四季假山，为国内唯一孤例。……这种假山似乎概括了画家所谓'春山淡冶而如笑，夏山苍翠而如滴，秋山明净而如妆，冬山惨淡而如睡'（郭熙《林泉高致》），以及'春山宜游，夏山宜看，秋山宜登，冬山宜居'（戴熙《习苦斋题画》）的画理，实为扬州园林中最具地方特色的一景。"

以独特叠石艺术而闻名遐迩的个园四季假山，据说亦出自石涛手笔，设计中"搜尽奇峰打草稿"，创意独辟蹊径，组合浑然天成，游览后顿生"园林方半日，山中已一年"的强烈感悟。

月洞形园门东、西两侧透空花墙之下，各有一个青砖砌就的花境，疏竹间石绿斑驳的笋石依门：竹石相配，一真一假、一动一静，组合出蓬勃向上的朝气，象征着满目春意的山林。着笔不多，借助新笋破土、节节向上的春之气息，完成了春山的创作理念；用地不大，给人稍不留意一览而过的视觉态势，诠释了春意匆匆的警世明理。筱竹劲挺，缕缕阳光把稀疏竹影映射在园墙上，形成"个"字形的花纹图案，烘托着园门正中的"个园"匾额：既使人感悟到绿竹漪漪满园栽的春光媚景，也使人联想到绿竿芊芊满腔虚的高风亮节。构园者抓住最能体现春意的翠竹、石笋：昭示画景，感受欣欣向荣、朝气蓬勃的意境；揭示趣理，感悟春意虽好稍纵即逝的哲理。

春山是个序幕，进入园门，扑面映入眼帘的就是夏山：前临深池，东依长楼，数株高大的广玉兰和枫杨掩映着一座苍翠欲滴的太湖石假山。山体以湖石堆叠，透漏瘦皱、天姿玲珑，延绵起伏、峰峦多姿。主峰高耸约6米，山体俊俏而秀美。古松绿荫如伞，黄馨如瀑悬于山壁；鹤亭檐角飞张，瀑布悬于山壁，步入曲桥，两旁奇石有的如玉鹤独立、形态自若，有的似犀牛望月、憨态可掬，佳景俏石，使人目不暇接：抬头看，谷口上飞石外挑，恰如喜鹊登梅，笑迎远客；远处眺，山顶上群猴嬉闹，乐不可支。过青石飞梁、步石，可至主峰下曲洞，洞谷如屋，境深邃幽静，磴道盘旋，可攀峰登楼。

笋石春山

湖石夏山

秋山位于园之东侧，是一座大型的黄石假山，其石有的赭黄如土，有的赤红如染，其势如刀劈斧削、棱角刚毅，虽是咫尺之图，却有百千里之景的磅礴气势。大的山体构筑，讲求山势的高下起伏、脉络的绵延断续：秋山有西、东、南三峰，似断还续，蜿蜒曲折；主峰高约9米，耸峙于长楼之东；峰侧有“驻秋阁”，门楹郑板桥联：秋从夏雨声中入，春在寒梅蕊上寻。阁西南向小门旁，有扬州著名学者孙龙父先生书联：安得素心人乐与数晨夕，却疑尘世外别有一山川。秋山主体在园的东墙前，每当夕阳映照，黄石山体呈现出金秋绚丽的色彩。主峰之侧的小亭，更可以招云邀月，弛目骋怀，应秋日宜登高望远之习；主体巉岩间红枫摇曳，更显秋日的绚丽，秋山的多姿。

从秋山东峰步石而下，南行至“透风漏月”厅前，即为用宣石堆叠的冬山，山势作东西向起伏蜿蜒，偏西部分略微突兀向上，势如主峰。宣石颜色洁白、石英斑驳，俨然似白雪皑皑、经年不融的冰山美景；宣石线条柔滑、体态蜷曲，鲜活如翻滚扑跳、憨态可掬的雪狮起舞。冬山虽不高峻，却似一幅用笔简朴、高远雅致的元人雪山图景；山前地坪为白石冰裂纹铺桩，山畔冬梅点点、暗香浮动，霜高梅孕一身花；天竺枝枝、珠红影疏，雪厚竺着满头果。冬山位于高高的南墙脚下，白色的墙面上设计出一组四排二十四个风洞，隆冬季节更增添北风呼啸、雪海茫茫的彻骨寒意；令人惊叹不已的，还在于冬山西侧墙面上洞开的两扇圆形漏窗，东、北两侧各置一踞造型宣石，犹如一对可爱的小狮，相互召唤、探望着隔墙绿竹轻摇、笋石直上的春山美景。冬、春两山一墙巧隔，冬、春两景一窗妙连，暗喻冬去春来、大地复苏的设计构思和意念灵感，可谓匠心独具。

陈从周教授《园林丛谈》写道：“寿芝园原来叠石，相传为石涛所叠，但没有可靠的根据，或许因园中的假山，气势有似安徽的黄山，石涛喜画黄山景，就附会是他的作品了。”史载：石涛首次到扬州是康熙二十六年（1687年），三十七年冬定居扬州直至四十六年卒；而寿芝园旧主马承运于康熙二十七年前后住用，请石涛谋建假山应在情理之中；“奇松”、“怪石”、“云海”乃黄山胜景，秋山之上多奇松、怪石，而夏山湖石灰白、多皱颇具云态，其意在云海。再者，汪全泰（清嘉庆甲子举人，东河候补同知）写给园主次子黄奭的诗词中有“若年少，怀故里，甚牢骚。自言宅居，大涤石屋洞天高”的句子，应为佐证。

个园的四季假山，创意独辟蹊径，组合浑然天成：“何山无草木，根非土长而能寿。河水不高源，峰峰如线雷霆吼。”（石涛《黄山图》题序）分峰造石之外，园中又因势散落布置一些亭台楼阁、石桥小筑，整个场景犹如一幅精美绝伦的山水画卷；“春夏秋冬山光异趣，风晴雨露竹影多姿”，再配上联对匾额、花草树木，更是愉悦感官，舒展心情。

黄石秋山

宣石冬山

2）一勺则江湖万里

水体在大自然的景观构成中是一个最活跃的因素，静则亲切谦和，动则欢腾奔泻，喜则跳跃叮咚，怒则如雷轰鸣。人工理水务必做到“虽由人作，宛自天开”，哪怕再小的水面亦必曲折有致，并利用山石点缀岸、矶，在有限的空间内尽量模仿天然水景的全貌，这就是“一勺则江湖万里”的诗情立意。

山石点矶　宛若天池

水体曲折　精细有致

水体宽畅　小中见大

堆岛筑堤　源流港湾

水体是创作宅园美的源泉之一，蓄之成库、悬之成瀑、积之成潭、散之成珠、喷之成雾、举之成柱、旋之成涡。

水体也是宅园中最有吸引力的景观因素，小者清澈明净、不可捉摸，似少女的眉目传情；大者宽广畅舒、草木华滋，如母亲的博爱胸怀。

宅园内开凿的水体，是自然界中河、湖、溪、涧、泉、瀑等的艺术概括；稍大一些的水面，则必堆岛筑堤、架桥设梁，有的还特意做出一弯港汊，以显示源流脉脉，疏水若为无尽。

在园林形式中加入以水体为核心的新格局，促进山、水、建筑及植物景观间更复杂的穿插、渗透、映衬等组合关系的出现和发展，产生高低错落、起伏有致的和谐韵律，为传统园林最终采取一种流畅柔美、富于自然韵致的组合方式准备了必要的条件。

山与水的关系密切，山水相依、山嵌水抱一向被认为是最佳的成景态势，也反映了阴阳相生的辩证哲理。“水随山转，山因水活”，体现在古典园林的创作上，“叠山”和“理水”不仅成为造园的专门技艺，两者之间相辅相成的关系也是十分密切的。城市山林中的许多宅园本无水，但园无水不活，于是挖池蓄水；而有时造园家另辟蹊径，采取旱园水做之法，则让人耳目一新。

扬州南临长江，踞京杭运河南北通运之口，又且扬州得名亦因州界多水，有水扬波一说；但扬州宅园却也喜旱园水作，这实在是值得一书的话题。

扬州园林中的旱园水作有两种：一是按北园理水的方式，以假山水池为构架，穿凿亭台楼阁、树木花草，取高低曲折之趣，以自由随意之变，“一勺则江湖万里”而入诗画之境，如著名的寄啸山庄：构园者在东园贴壁假山下凿一汪曲水。

有“晚清第一园”誉称的“寄啸山庄”，即为此法典范：构园者另辟蹊径，东园围墙贴壁山林前筑一湾曲水，参差驳岸蜿蜒至读书楼，池旁湖石峭壁凌空，山上葛藤倒悬，使人疑入山林；更有山色楼台倩影映水，池内游鱼怡然，令人暗自叹绝。

牡丹厅正北的船厅，面阔三间，环廊、歇山顶，是一座建在陆地上的四面厅，其“旱园水作”的创意和构建尤显匠心独具，“无水，也要造出水景来”：东、北两侧石山围护，厅处于深谷之中，四周的廊台严整，且高于地面一阶，将厅周的地面压低；厅前一条方石板铺就的甬道好比登舟的跳板，两侧铺装以鹅卵石和立瓦镶成水波浪纹图案起伏有致，似见波光粼粼，似听裂岸涛声。厅的主体则筑于高基之上，望之似乎就置于池水之中，再看这似船的厅堂，低低的台阶分明是船体的甲板。“桴海轩”的匾额和“月作主人梅作客，花为四壁船为家”的抱柱楹联又作了进一步的点景升华，顿会使人产生幻觉，疑为在湖滨漫步、船内荡桨，忘却这是旱园；再看看厅西的石峰，厅东的贴壁假山，定会感到“无水而有水意，无山却有山情”的艺术内涵。这是中国传统绘画艺术“意到笔不到”的表现方式在造园中的精妙应用，如果四周挖水筑池，反会使人感到过实而无悬念，兴致索然。

另一种是更抽象、更写意的诠释，具有代表性的当推“卷石洞天”之碧玉山房西侧的小院：黑、黄两种鹅卵石按水流的形态铺于地面，黄色为地、黑色为水，“水口”与山洞相连，创造出虽无水而胜似有水的佳境；其对水景意念的概括和提炼，更具象征性、艺术性，使游人宛如置身于山溪、谷涧、渊潭之中，产生无水似有水，水在意中流的感受，是扬州园林在构园手法上的丰富和创新。

与此相似的，还有“二分明月楼”：造园者将四面厅筑于较高的黄石基上，周围地面则被压低，形成高者似岛，低者若水的效果，陈从周先生曾评价道：“园中无水，而利用假山之起伏，平地之低降，两者对比，无水而有池意，故云水作。”

何园 · 桴海轩

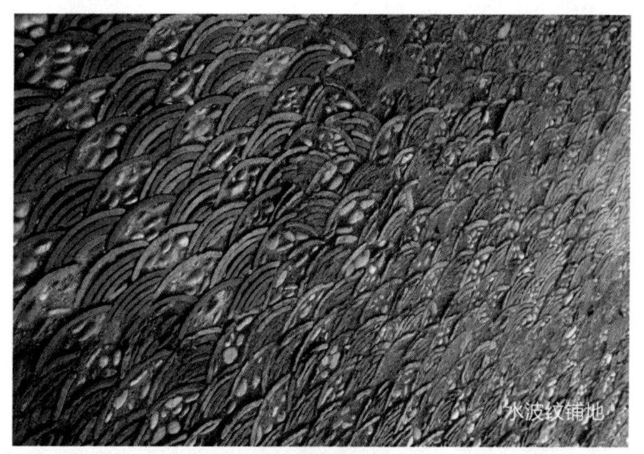
水波纹铺地

卷石洞天 · 碧玉山房

2. 亭台榭舫妩媚添

亭的体形小巧，是一种只有顶而没有墙壁的小屋，一般由屋顶、柱身和台基三部分组成，初为旅程休息之所，《释名·释宫释》曰：亭,停也,人所停集也。周代的亭，是设在边防要塞的小堡垒，设有亭吏。到了秦汉，亭的建制扩大为地方维护治安的基层组织，《汉书》载：“亭有两卒，一为亭父，掌开闭扫除；一为求盗，掌逐捕盗贼。”魏晋南北朝时，代替亭制而起的是驿。其后，虽亭和驿逐渐废弃，但民间在交通要道筑亭为旅途歇息之用的习俗因而沿用下来；也有的作为迎宾送客的礼仪场所，十里为长亭，五里为短亭。亭在园景中起到画龙点睛的作用，应当是自然山水或村镇路边之亭的“再现”，既适于点景、观景，又可纳凉、小憩。

亭的形制轻巧，设置灵活，其形式只要平面合适便可基本确定，最易与各种复杂地形、地貌相结合而与周边环境融为一体。隋唐时期，园苑之中筑亭已很普遍，如：杨广在洛阳兴建的西苑中就有风亭、月观等景观建筑，唐代大明宫中有太液池、兴庆宫中心筑有沉香亭。（宋）《营造法式》中详细描述了多种亭的形状和建造技术，（明）《园冶》有“造式无定，自三角、四角、五角、梅花、六角、横圭、八角到十字，随意合宜则制，惟地图可略式也”之阐述。在亭的众多类型中，简单大方的方亭最为常见，圆亭更秀丽，但施工比较复杂；半亭多依壁而建，桥亭多与走廊相连。

拙政园“荷风四面亭”

西园曲水“拂柳亭”

园中设亭的关键在位置，《园冶》有极为精辟的论述：“亭胡拘水际，通泉竹里，按景山颠，或翠筠茂密之阿，苍松蟠郁之麓。”既是“点睛”之物，所以多设在视线交接处，只要设置合理则全园俱活，如苏州园林：网师园，从射鸭廊入园，隔池就是“月到风来亭”，形成构图中心；拙政园的“荷风四面亭”，四周水面空阔，在此形成视觉焦点，加上两面有曲桥与之相接，形象自然显要。在高处筑亭，既是仰观的重要景点，又可供游人统览全景；在叠山脚前边筑亭，以衬托山势的高耸；临水处筑亭，则取得倒影成趣；林木深处筑亭，半隐半露，既含蓄而又平添情趣。

拙政园中的绣绮亭，留园中的舒啸亭等，都建于高显处，其背景为天空，形象显露，轮廓线完整，甚有可观性；沧浪亭位于假山之上，形成全园中心，更是名副其实。在杭州赏月胜地“三潭印月”：从“小瀛洲”登岸，迎面而来的主要景观建筑便是一座小巧玲珑的三角亭以及与之遥相呼应的四角“百寿亭”，亭与桥既完成了水面空间分割，又增加了空间景观层次；人于亭内居高临下，可以纵情远望四面的湖光山色，尽情欣赏水面莲荷的娇容丽色。

醉翁亭位于安徽省滁州市西南的琅琊山风景名胜区中，距今已有900多年的历史，为中国四大名亭之首，被称为天下第一亭。北宋庆历六年（1046年），著名文人欧阳修被贬为滁州太守后，常在琅琊寺饮酒赋文，住持智仙特为此建亭；欧阳修自称“醉翁”，便命之为醉翁亭，并作了传世不衰的著名散文《醉翁亭记》，其中有千古名句：“醉翁之意不在酒，在乎山水之间也。”醉翁亭四周的台榭建筑，独具一格、意趣盎然：亭东有一巨石横卧，上刻“醉翁亭”。亭西宝宋斋内藏刻有苏轼手书《醉翁亭记》碑两块，为稀世珍宝；古梅一株，传为欧阳修手植，故称“欧梅”。亭前的酿泉旁，小溪终年水声潺潺，清澈见底。

兰亭位于浙江省绍兴市西南14公里处的兰渚山下，是东晋著名书法家王羲之的寄居处，这一带“崇山峻岭，茂林修竹，清流激湍，映带左右”；相传春秋时越王勾践曾在此植兰，汉时设驿亭，故名兰亭。东晋永和九年（353年），大书法家王羲之邀请了41位文人雅士在兰亭举办曲水流觞的盛会，并写下被誉为“天下第一行书”的《兰亭集序》，兰亭也因此成为书法圣地；泓池水旁石碑上书“鹅池”二字，据说“鹅”是王羲之亲笔，“池”是其七子王献之所写；父子合璧，成为千古佳话，被人称为“父子碑”。现址为明嘉靖二十七年（1548年）郡守沈启重建，后几经反复，于1980年全面修复；名字、名题和王羲之的传说故事，兰亭景区的命名就不能不说亭于园林景观的重要了。

亭在园林中的重要意境，在于能把外界大空间的景象吸收到自身小空间来：“江山无限景，都取一亭中。”亭既是园林艺术中的重要景观建筑，也是文人士大夫挽联题对点景之地。

扬州“个园”抱山楼前“清漪”六角小亭，飞檐翘角、清丽挺拔，和楼的壮观形成了鲜明的对比；亭匾点出清风徐来、水波不兴的美妙感觉；柱联“何处箫声醉倚春风弄明月，几痕淡影斜撑老树护幽亭”，暗含明月箫声、维杨春风的盛唐意想。

扬州“何园”西院池东有一方亭，南架曲桥、北置石梁，亭制尺度远较其他江南宅园中的要大：一是此亭可作戏台，回廊可作看台，反映了园主人的实用主义倾向；二是《列子·汤问》载“渤海之东有大壑，其中有五山，三四方壶。”“小方壶”称谓，正是象征传统园林构想中神山仙阁的寓意；置身其中，分明是琼瑶仙境、人间天堂。正如陈从周教授所赞：江南园林甲天下，二分明月在扬州。水心亭上春波绿，览胜来登一串楼。

琅琊山·醉翁亭

兰渚山·兰亭

个园·清漪亭

何园·水心亭

木亭简拙

钢亭规约

草亭古朴

廊亭深邃

半亭精致

建筑作为一种文化，表述着人的生活现实和感情语言；作为一种环境，不仅可以居住，而且为人们提供了观赏风景、探幽寻古的适当场所。

特别是亭台楼阁，高耸挺立，攀登时会产生“欲穷千里目，更上一层楼”（王之涣《登鹳雀楼》）的心理；一旦登临极目，则可以“望尽天涯路”（晏殊《蝶恋花》）。

楼阁，也简称楼，是两层以上的高大建筑。可以供人登高远望，休息观景；还可以用来藏书供佛，悬挂钟鼓。

台比亭出现早，初为观天时、天象、气象之用，后来遂作宅园中高处建筑，其上亦多建有楼、阁、亭、堂等。

河北邯郸丛台，又称武灵台，战国时期赵武灵王（公元前325年～前299年）为检阅军事操练和观看歌舞表演而建。据《汉书》记载，当时台上有天桥、雪洞、花苑、妆阁的许多亭台阁院罗列垒接——“连接非一，故名丛台”。后人曾用“天桥接汉若长虹，雪洞迷离如银海”来描绘丛台的壮观；还用“台上弦歌醉美人，台下扬鞭耀武士”来赞颂武灵王的“文功武略”。唐代大诗人李白、杜甫、白居易等都曾登台挥毫抒怀，留下不少诗篇。

出水莲阁盛装

泊岸舫阁华丽

丛台楼台壮观

嶂水楼台高攒

榭，古代指无室的厅堂，也为藏器或讲军习武的处所。园林中为一种借助于周围景色而见长的休憩建筑，多为建在高土台或水面(或临水)上的木屋，常与廊、台组合在一起；平面形式比较自由，常为长方形，多开敞或设窗扇，以供人们游憩、眺望。（宋）辛弃疾《永遇乐》：“千古江山，英雄无觅孙仲谋处，舞榭歌台，风流总被雨打风吹去。”

古典水榭精致

原木水榭返朴

现代水榭简约

饯春堂大气端庄

水榭是依水架起的观景平台，中国古典园林建筑的传统做法是：在水边架起一个平台，平台一半深入水中，一半架于岸边，平台四周以低平的栏杆围绕，然后在平台上建起一个木构的单体建筑物。

平面形式通常为长方形，其临水一侧特别开敞，有时建筑物的四周都立着落地门窗，显得空透、畅达。屋顶常用卷棚歇山式样，檐角地平轻巧；檐下玲珑的挂落，柱间微曲的鹅项靠椅和各式门窗栏杆等，常为精美的木作工艺，既朴实自然，又简洁大方。

扬州“西园曲水”墅区内的“饯春堂”，西临湖水，白石平台枕于水上，南侧八角重檐亭，组合丰富。园之东南坡冈地形起伏，上筑方亭曲廊，巧妙勾连、蜿蜒透迤；下缀垒垒黄石、芳草如茵。园周岸边更有娇花照水、柳絮如烟，或小憩品茗、静观美景，或临水把钓、幽窗对弈，又多几分情趣，几味雅韵。

舫在中国园林里是可以经常看到的：外形千姿百态、精致秀丽，自成一景。舫的出现和中国传统文化背景、哲学思想、心理追求有关联，自古以来总是把人生在世比作水中行船，李白诗曰："人生在世不称意，明朝散发弄扁舟"。尽管园林舫并不能起锚出航，更不能乘风破浪，但也可以想象到园主人置舫所追求的理想与审美情趣：借舫寓意希求，祝愿自己一帆风顺、平安康和。舫在选址上很有讲究，通常立在水边这一最具有赏景视角的地方，给水面、陆地的景色都平添另一种兴致。

"翔凫石舫"原为(清)扬州盐商魏氏园中旧物，体量虽小但构制极为精巧：从外形看，门厅之顶为单檐庑殿式，面东而立；中舱之顶重檐立山式，与门厅成丫字交叉；后舱之顶单檐歇山式，四角昂翘与门厅平行。

"香洲"是拙政园中的标志性景观之一，为中国古典园林中造型最为美观的舫，集中了亭、台、楼、阁、榭五种建筑类型：船头是荷花台，前舱是四方亭，中舱为面水榭，船尾是野航阁，阁上起澄观楼；两层舱楼通体高雅而洒脱，线条柔和起伏，其身姿倒映水中，更显得纤丽而雅洁。船头悬有文征明题写的"香洲"匾额，取自屈原笔下《楚辞》中"采芳洲兮杜若，将以遗兮下女"的典故，寄托了文人的理想与情操；古时常以香草来比喻清高之士，此处以荷花来喻义香草，也很得体。

翔凫石舫

香洲美伦

启桨开航

系缆泊岸

廊是宅园中联系建筑之间的通道，不但可以遮阳避雨，还像一条风景连接线，可以供人透过廊柱之间的空间观赏风景。

扬州何园，一宅二园，怎样才能使之协调？这里最关键的是“串廊”——被中国桥梁专家赞誉为现代立交桥的最早雏形：通过由岔路口交会而成的千米复道回廊，有机地与宅院建筑连接在一起，相互映衬，互不干扰，这在中国园林中是极为鲜见的。

复道回廊串楼（扬州何园）

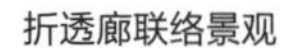

折透廊联络景观

双面廊隔断视线

罗哲文先生指点道：“寄啸山庄的楼廊高二层，环抱水池，在其高低不同的视点中，园景产生不同变化，此为江南园林中的孤例。”潘谷西先生评价道：“一是以水池为中心，假山体量虽大，却偏于一侧，不构成楼厅的对景；二是水池三面环楼，故可从楼上三面俯视园景，这不仅是扬州唯一孤例，也是国内其他园林中所未见的手法。”

“串廊”的作用，原在于把散置的厅房勾连成一体，以便于日常生活和管理需求，特别是保障了雨雪等恶劣天气下的交通便捷。廊道曲折、空间丰富，由复道串廊勾连后的景色组织更有连续性，并将静观的欣赏改为动观的游览；尽管是地域有限的空间，但能多层欣赏，探求回味，犹如看之不尽的景观长轴。

“串廊”还在于起到了弱化建筑体量的作用，将中西合璧的个体时尚建筑协调在古典园林的一统范畴之中，给人大胆变革、包容和谐的一新意境。

竹篱廊典朴

玻面廊时尚

幕亭廊华丽

弧圆廊流畅

网架廊简约

木玻廊豪华

道家传承

南亚风情

儒家精髓

中亚文明

现代时尚

3. 园路铺装画意寓

园路是宅园的网络骨架，以表达不同性质、用途和区域；园路铺装的材质、线型、色彩等是环境景观的一部分，是宅园建造不可缺少的构成要素。深入研究园路及其铺装的宅园要素特征，就可以创造富于特色的寓意来。

园路的设计风格有自由、曲线的方式，也有规则、直线的方式，采用一种方式为主的同时，也可以用另一种方式补充。园路的规划布置，往往反映不同的宅园面貌和风格，如：我国江南古典宅园，讲究峰回路转、曲折迂回；而西欧古典宫苑，讲究平面几何对称。

陈从周先生说："园林中曲与直是相对的，要曲中寓直，灵活应用，曲直自如。"园路并不总是一成不变的对着中轴、两边平行，园路可以是不对称的，也可以根据功能需要采用变断面的形式，宽狭不一、曲直相济反倒使园路多变、生动起来。

西欧宫苑 · 几何对称

江南古典 · 曲折迂回

东瀛民居 · 自然野趣

日本神社 · 庄重严谨

江南庭院风

曲折幽情

西欧对称调

自然明快

木构架转折

石条筑台升

园路的转弯曲折在自然条件好的宅园用地并不成问题，因地形地貌而迂回曲折，十分自然。而小空间宅园为了延长路线、增加趣味，园路往往设计成蜿蜒起伏状态，这时就必须人为地创造一些条件来配合园路的转折和起伏，例如：在转折处布置一些山石、亭椅、树木或者升降地势，做到曲之有理；而不是三步一弯、五步一曲，为曲而曲，脱离创意而存在。

铺装在诸多园林构景元素中的范围与地位举足轻重，虽然一栋精美建筑抑或是一个醒目景观的影响力，更多地取决于空间尺度和外观，但是从平面上俯瞰，铺装是主要的视觉源，可以让人浮想联翩，流连忘返。

八卦图文奥妙深

龟岛环流生命泉

曲水流觞寓意浓

交错镶嵌

规则一统

生动活泼

简洁流畅

喜庆祥和

园林设计中的地面铺装，从柔软翠绿的芳草地到坚实沉稳的砖、石、混凝土，从采用的材料到表现的对象，其形式与内容都很丰富。同一空间、走向的园路，用一种式样的铺装较好；若采用不同的铺砌类型组成全园，可达到统一中求变化的目的。

地被与草坪是最常见的一种铺装形式，虽然简单，却可创造出充满魅力的效果，强化景观的统一性：一条精心修剪的长长绿带，将人们的视线引向透景线的尽头甚至更远的地方；中心绿带两侧的草坪、地被，呈现出一派生气勃勃、姹紫嫣红的盎然景色。

硬质铺装材料，常用的有石材、砖、砾石、混凝土、木材、可回收材料等，不同的材料有不同的质感和风格。

（明）计成《园冶》早有精辟论述："惟所堂广厦中，铺一概磨砖，如路径盘蹊，长砌多般乱石，中庭式宜叠胜，近砌亦可回文，八角嵌方选鹅子铺成蜀锦。"

构思极致　美轮美奂

圆形相嵌　自然流畅

条形相嵌　方整规范

材质交替　小资风情

废物利用　乡间风情

石材以其拙朴、厚重、沉稳、高贵的艺术特质在宅园景观的环境艺术氛围及性格营造中占有极其重要的一席。石材铺装，既满足了使用功能，又符合人们的审美需求，可以说是所有铺装材料中最自然的一种，魅力无穷，无论是具有自然纹理的石灰石，还是层次分明的砂岩、质地鲜亮的花岗石，即使是天然石材的碎片，也可持续利用，铺出优美的图案。

用多品种、多形状和多规格的石材进行地面铺设，要把握好多种颜色与多种形状之间的搭配，尽量避免因不同形状、颜色所带来的视觉负面效果，以确保与周围环境相协调的装饰组合效果。

比较常见的铺地石有：加工成小规格的花岗石广场砖，浅色调产品居多，黑、红色调见少；经抛光工艺处理的平面板，具有较好的观赏性，并提升档次和品位。以手工在表面打制出自然断面、剁斧条纹面、点状如荔枝或菠萝表面效果的毛面花岗石，厚度大方、耐用性好；防滑并增加三维效果的机刨条纹花岗石，如剁斧石、火烧石等，为现代宅园增添亮丽的风采；与绿地环境协调自然的传统青灰石，结合现代造园需求而推出的经人工加速风化的秦砖（长城砖）、帝王砖、汉砖、明砖、宋砖等仿古产品，并可进行人工剁斧、拉丝处理。

条石板

机刨板

机刨板

手工板

火烧石

通道踏步华丽

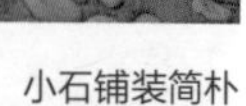

小石铺装简朴

砾石是构成自然河床、浅滩、山冈的一种材料，砾石景观在自然界中到处可见。

砾石价格低廉，使用广泛，作为自然的铺装材料运用已经有几个世纪了。

在规则式园林中，砾石一般用于连接各个景观、构景物或者是连接规则的整形、修剪植物之间，无论采用何种方式都能够创造出极其自然的效果。

在自然式园林中，砾石是联系各个景观的最佳媒介，由它铺成的小路不仅干爽、稳固、坚实，而且还为植物提供了理想的掩映效果，总体上保持一种自然的景观特征。

休憩小筑随意

庭前花圃精致

应用染色砾石，如亮黄色、深紫色、鲜橙色、艳粉色，甚至是彩色条纹，看起来不像石头，倒更像是一块诱人的咖啡糖，鲜亮的纯色具有强烈的视觉冲击性，对于那些富有创新精神，勇于打破常规的设计师而言，它们是灵感的源泉，是创作的基础。

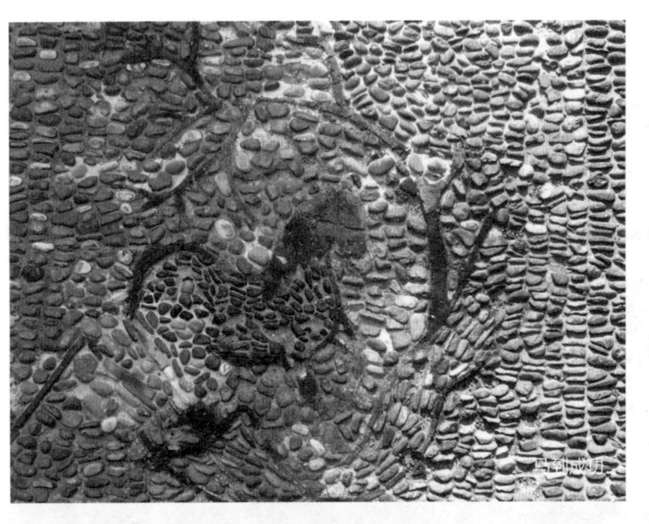

马到成功

福寿双全

海棠富贵

席纹

直纹

斜纹

作为一种早期铺装材料，砖的颜色、拼接形式多种多样，可以变换出许多图案，效果也自然与众不同。砖铺地面不但施工简便、规格可控，而且形式丰富多样；多种形状、类型的砖体可以满足特殊的铺贴需要，创造出别具一格的景观效果。

砖还适于小面积的铺装或作为其他铺装材料的镶边和收尾，如小景园、小路或狭长的露台、小拐角；在不规则边界或石块、石板无法发挥作用的地方，砖还可以增加景观的趣味性。

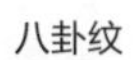

八卦纹

编织纹

镶嵌纹

凉台

水景台

露台

平台

木质铺装最大的优点就是给人以柔和、亲切的感觉，所以常用来代替砖、石铺装。在自然式园林中常常使用的是其天然色彩，并且可与格架、围栏粗犷的轮廓形成对比；在规则式宅园中借以强化园林铺装或小品的地位，突出景园的严谨。

木铺装在栈桥、亲水平台、树池等应用中被首选，尤其是在放置桌椅的休息区内更显得典雅、自然，比如由树桩构成的踏步道；木栈道地面铺设能够强化由其他材料构成的景园铺装，或者与木隔架、篱笆、木桩、木柱等进行围合。

作为天然产品，木材容易腐烂、枯朽，可以涂色、油漆或者采用防腐处理以保持原来面目。

栈台

栈桥

方平台

阶梯

鞍平台

仿塑胶

冰裂纹

仿山石

仿花岗石

仿青石

从表面上看，混凝土可能并非宅园铺装的首选，但了解那广泛的实用性、超强的耐久性和简易的铺设性之后，你就会被其稍作处理便呈现出自然外观的魅力所吸引，改变初始的决定。

混凝土也许缺少天然石材的情调，也不如时下流行的栈木铺装那么时髦；但混凝土有着造价低廉、铺设简单等优点，可塑性强、耐久性也很高，如果浇铸工艺技术合理，与其他任何一种铺装材料相比也并不逊色多少。

彩色地面铺装又称（压模地坪、艺术地坪），一种全新的经济的绿色环保产品，可有效提高混凝土表面抗压、抗折、耐磨等物理特性，最突出的特点是多变的外观又为其实用性开拓增添了砝码：通过染色、喷漆、蚀刻技术等一些简单的工艺，能够直接在混凝土表层非常逼真地呈现出酷似天然花岗石、大理石、剁斧石、火山石、青石板、木纹板及砖石的质地、纹理和色泽效果。

现在，人们逐渐意识到无节制地开发利用资源的危害性，也领悟到合理利用可持续、再生资源的重要性，利用可回收材料铺设景园铺装的理念也应运而生。最明显的例子就是旧有铺装材料的再次使用，整旧如旧的铺装具有独特的沧桑感，可以创造出充满趣味性的景观效果：破砖烂瓦可以拼出文字或图案，陶瓷碎片甚至可以镶嵌出马赛克效果。

工业回收或重组产品也被应用到景园铺装中，并创造出极佳的效果：由果壳、树皮或木材碎片等组成的护根物不仅具有改良土壤的作用，而且还是精美的铺装材料；走在肉豆蔻果壳的铺装上，会发出清脆的咔嚓声，具警示性、趣味性。

近几年最具有吸引力的一种回收铺装材料是看起来极不安全的玻璃碎片：经过特殊的打磨之后，手工铺设或在上面行走也不会有任何危险，而且材料在潮湿时变得透明，颜色也随阳光照射而发生变化；如果在玻璃的原色中加入赭石、琥珀色等产生的玻璃卵石效果，会使空间景观变得更加丰富多彩。

自20世纪60年代起，粉煤灰大量应用于地砖生产，先后研制出了蒸压砖、免烧砖、高掺量烧结砖等。与这些砖相比，透水砖具有良好渗水性及保湿性，能很好地缓解城市由于被不透水地面铺装覆盖所带来的“城市荒漠化”及“热岛效应”，有利于保持城市水平衡。

塑胶

碎石

木屑

煤灰砖

4. 灯光照明靓姿点

随着城市的发展和人民生活水平的提高，引致社会对先进灯光技术的需求，人们都渴望享受丰富的灯光文化和高科技灯光技术带给的美好生活。

轮廓灯

草坪灯

地景灯

泛光灯

选择适合自己的庭院灯，不仅能照亮花园，还能有效保证晚上活动时的安全性，也为夜晚的花园增添了许多温馨、浪漫和神秘！

一般来说，宅院夜景以装饰性照明比较多，当然功能性应用也是重要方面，一款合适的造型灯具，能为庭院增添不少情趣，换来家人和朋友的莞尔一笑。

门口、露台、走廊等处的壁灯能让夜晚的庭院便于亲近，柔和的光线带给人温馨、放松的感觉。

路径两侧的草坪灯或景观灯，能让夜晚的散步惬意，星星的闪烁给人以朦胧、暧昧的愉悦。

灯光设计的主要内容包括照明设计、灯光布局、光度计算、线路布局、灯具及调光系统选型等，学习先进的灯光设计理念和技术，传承典雅的灯光设计艺术与文化，对丰富家居宅院的空间景观，特别是夜晚的美丽色彩具有画龙点睛的现实意义。没有灯光的花园，就会失去夜晚的魅力。

全景灯光

广告灯光

广告灯光

梦幻多彩——2009 扬州“烟花三月”晚会场景

缤纷多姿——2010 台北国际园艺博览会外景

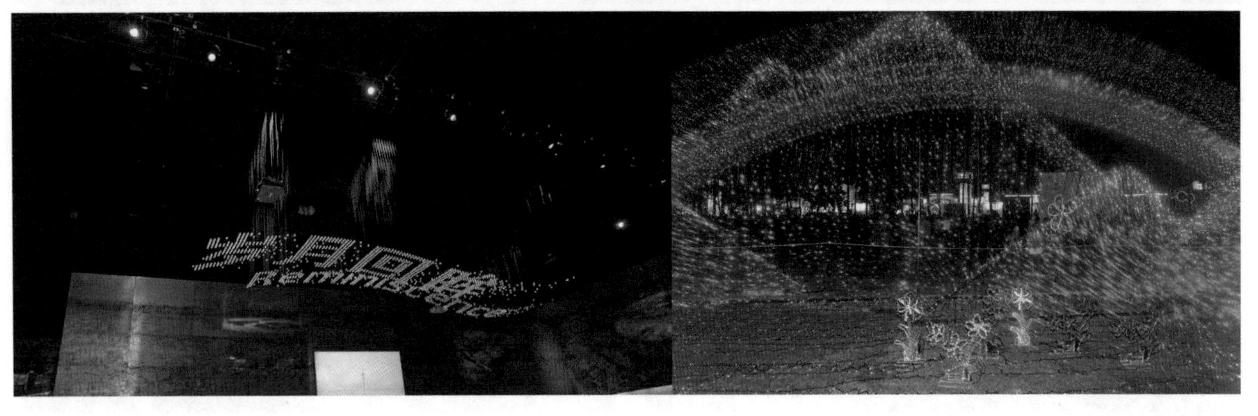

岁月多思——2010 上海世博会中国馆内景

利用现代灯光技术，可为庭院注入新的多变的视觉效果：光谱电子太阳能庭院灯，采用单晶硅或多晶硅制作的太阳能电池板、专用LED光源、蓄电池、地笼等组成；灯头造型多姿多彩、五彩缤纷、别致典雅，可以把庭院等装扮得如诗如画。

2010上海世界博览会和2010台北国际园艺博览会，将绿色照明的最新技术和迷人的艺术效果完美结合，利用不同的灯光组合成一些特别的夜景图案，通过灯光的移动和声响来提升视听效果，以最少的耗能达到最美的灯光效果。

四、宅居花园的植物与配置

园林植物的种类繁多、形态丰富，景观作用显著：既可观形赏叶，又可观花赏果；既有参天伴云的高大乔木，也有高不盈尺的矮小灌木。常绿、落叶相宜，孤植、丛植可意，不受时空影响，不拘地形限制，看似随意洒脱、信马由缰，意却主题鲜明、功能清晰。花园中往往以三五成丛而予人以蓊郁之感，运用艺术概括而表现天然植被的万千气象，清代著名画家郑板桥撰联曰：“删繁就简三秋树，领异标新二月花。”

1. 植物选配有奥妙

庭园的植物选择依据造型和姿态、色彩、季相特征，讲究画意营构及其色、香、形的象征寓意，虽以自然为宗，但布局极得章法，绝非丛莽一片；其安排原则大体如下：植高大乔木以遮蔽烈日，赏古朴树姿或秀丽树形（如丹桂、红枫、腊梅等），品类繁多的翠竹可终年为园衬色，多植蔓草、藤萝以增加山林野趣，雨打芭蕉、莺啭蝉鸣更给人世外桃源的感受。

芭蕉角隅

苏铁诗石

木香藤萝

京竹刚毅.

玉兰皓洁

银杏金灿

岭南园林植物品种丰富，亚热带的乡土树种有木棉、白兰、黄兰、鸡蛋花、乌榄、羊蹄甲以及炮仗花、夜来香、勒杜鹃等，园内一年四季花团锦簇、绿阴葱翠，尤以大面积浓阴遮蔽的榕树景观堪称一绝。江南气候温和湿润，园林植物以落叶树为主，配合若干常绿树，再辅以翠竹、藤萝、地被、草花等，构成四季分明的植物配景基调。北方园林植物的种类较少，除松、柏外，尤缺耐寒的常绿阔叶树种和冬季花木；杨、柳、榆、槐和春夏秋三季更迭不断的丁香、海棠、月季、牡丹、芍药、荷花、秋菊等显花植物是植物造景的主题，故隆冬季节树叶凋落、水面冰莹，颇有萧索寒林的画意。

宋、元以来，许多文人学者喜为自己的书斋冠名，其中有不少即与园林植物关联，如：宋代名相李纲常以桂花自勉，亲植桂花以明志，将自己的书斋命名为“桂斋”。明代大书画家徐文长，无法忘情于幼年时手植的一株青藤，便将其作为书斋的名称，甚至变成自己的别号，写字作画时落款常署名“徐青藤”。清代经学家周惕曾从东禅寺移植一株红豆树于庭前，甚为珍爱，遂命名其书屋为“红豆书庄”。国画大师齐白石，38岁时租住一处周围栽满梅花的房屋，为表达喜爱之情，将其冠名“百梅书屋”。著名哲学家冯友兰，曾居北京大学燕南园三十余载，因出于对家中庭院三株挺拔的松树的喜爱，将其斋定名为“三松堂”。著名画家、文学家丰子恺，1922年应邀到浙江上虞县春晖中学任教，在住所墙角亲植一株杨柳，并常以柳入画，遂将居室取名为“小杨柳屋”。著名红学家俞平伯，20世纪40年代迁入北平时，因家中庭院有株古槐，便将书斋起名“古槐书屋”。著名语言学家王力，1943年迁入昆明粤秀中学居住，十分喜爱小院里的一株棕榈树，将书斋命名为“棕榈轩”。

腊梅傲雪

桂花暗香

棕榈树林立

紫藤花悬

白皮松光影

梧桐祥瑞

竹报平安

年年有余（榆）

鸣凤栖梧

古今中外，人们不仅欣赏园林植物的自然美，而且将这种喜爱与人类的精神生活和道德观念联系起来，形成特殊的“花语”，托树言意、借花表情，具有象征意义的“比兴”手法历史悠久、长盛不衰，园林植物被按其形、色、香而“拟人化”，赋予不同的性格和品德，在宅园造景中尽量显示其象征寓意。

3000年前《诗经·大雅》之《生民之计·卷阿》篇，是古代最早留下梧桐栖凤凰的文字记述：“凤凰鸣矣，于彼高岗。梧桐生矣，于彼朝阳。”原为周成王（公元前1082年）游卷阿时，随臣对成王的赞美诗，寓有规劝成王求贤用贤之意。后因庄子（公元前286年）又有“凤凰非梧桐不栖”之言，遂使梧桐成为庭院之吉祥树木，皇宫、民院都喜植之，希冀引凤。

中华文明的悠悠历史，积淀了深厚浓重的花文化，甚至将观赏植物人格化，赋予花草树木无尽的生命力，激起人们无限的创作灵感：古往今来，多少文人墨客给后世留下若干唇齿留香的美文和回味无穷的佳作。因此，牡丹、芍药、梅花、兰花、月季、杜鹃等中国传统名花，以及海棠、桂花、李、桃等其他一些百姓喜闻乐见的花灌木，便成为宅居花园中最主要的生态构景素材，形成特有的地域文化景观。

南宋女词人李清照，赋《瑞鹧鸪·双银杏》托物言志、借物抒情，以银杏的特性来意喻丈夫赵明诚："风韵雍容未甚都，尊前柑橘可为奴。谁怜流落江湖上，玉骨冰肌未肯枯。谁叫并蒂连枝摘，醉后明皇倚太真。居士擘开真有意，要吟风味两家新。"词中首两句赞银杏典雅大方的韵致风度、朴实品质，连果中佳品柑橘也逊色三分；三四句咏银杏坚贞高洁，持久的"玉骨冰肌"神韵；五六句以唐明皇醉依杨贵妃共赏牡丹作比，写并蒂连枝、相依相偎的情态；末两句写种仁的清新甜美，以喻夫妇心心相通和爱情常新的美德。

据零星诗文记载，两晋南北朝时期宫苑中的园林植物主要有木槿、合欢、石榴、桃、梅、桂花、杨柳、梧桐等，树木的枯荣被认为是王朝盛衰的象征，物候的反常被作为预卜的依据。从那时起，园林中便出现了许多具有象征意义和文化内涵的树种组合，以皇家宫宛和豪宅名园中应用较多，民宅小院中也十分注重：以松的苍劲颂名士高风亮节，以柏的青翠贺老者益寿延年；竹因虚怀礼节被冠为全德先生，梅以傲雪笑冰被誉为刚正之士；松、竹、梅合称"岁寒三友"，迎春、腊梅、山茶、水仙冠以"雪中四杰"。玉兰、海棠、牡丹、桂花合喻"玉堂富贵"，至今在一些地区的民间习俗中，仍以此作为快乐、欢慰的瑞兆。

银杏当庭——朴实相依

"岁寒三友"——松、竹、梅

"百年好合"——柏树、石榴、核桃

槐树在古代则与书生、举子相关联，被视为科第吉兆的象征。《三辅黄图》载："元始四年(公元前90年)起明堂辟雍为博舍三十区，为会市，但列槐树数百株。诸生朔望会此市，各持其郡所出物及经书，相与买卖，雍容揖逊。议论槐下，侃侃阁阁。"因此汉代长安有"槐市"之称，是指读书人聚会、贸易之市，因其地多槐而得名；（唐）元稹《学生鼓琴判》："期青紫于通径，喜趋槐市；鼓丝桐之逸韵，协畅熏风。"武元衡《酬谈校书》："蓬山高价传新韵，槐市芳年记盛名。"可以想见唐代长安学宫中的情调。

自唐代开始，科举考试关乎读书士子的功名利禄、荣华富贵，借此阶梯而上，博得三公之位，因此常以槐指代科考：考试的年头称槐秋，举子赴考称踏槐，考试的月份称槐黄。

（唐）段成己《和杨彦衡见寄之作》："几年奔走趋槐黄，两脚红尘驿路长。"

（唐）李淖《秦中岁时记》："进士下第，当年七月复献新文，求拔解，曰：'槐花黄，举子忙'。"

（宋）钱易《南部新书》中更有详细的说明："长安举子自六月以后，落第者不出京，谓之过夏。多借静坊庙院及闲住，作新文章，谓之夏课。亦有十人五人醵率酒馔，请题目于知己，朝达谓之私试。七月后设献新课，并于诸州府拔解人，为语曰：'槐花黄，举子忙'。"是说唐代京城长安，落第的举子们六月不出京城而闭门苦读，作新文章，请人出题私试；当槐花泛黄时，就将新作的文章投献给有关官员以求荐拔。

槐花黄，举子忙——魁星高照

古代还流传有许多槐树为科第吉兆的传说故事。

《谈苑》载："吕蒙正方应举，就舍建隆观，缘干入洛，锁室而去。自冬涉春方回，启户视之，床前槐枝从生，高二三尺，蒙茸合抱。是年登科，十年作相。"

明《济南府志》载："王氏大槐，在新城县署新街之西。相传邑善人王伍常于槐树下作饘粥，以饲饥者。人挂其笠于槐，累累如也，后梦满树皆挂进贤冠。云孙曾以下科第蝉联，遂以大槐王氏名其族。"

明《洛阳县志》载："房氏洛阳故家，将营室，一木忽甲拆于庭，视之则槐也。久之，乔木上耸，密叶四布，观者以为昌盛之兆。厥后，子仪果联登进士，遂匾其堂曰：'祯槐堂'。不忘厥初也。"（明）薛瑄作《祯槐堂记》为之载说。

“槐”、“魁”字形相近，槐树就成了莘莘学子心目中科第吉兆的象征，三公之位、举仕有望：古代读书人希望在有槐的环境中生活和学习，并以登上槐位作为刻苦求学的目的和动力；故在民间有初生小儿寄名于槐的习俗，《金陵琐志·炳烛里谈》卷下载：“牛市旧有槐树，千年物也。嘉道间，小儿初生，辄寄名于树，故乳名槐者居多。”这种习俗影响到历代人们的心理，常与梧桐共植，企盼子孙后代得魁星神君之佑而登科入仕。

紫荆花开，一枝枝一匝匝，花朵紧紧相拥，激情如火如荼，一直是家庭和美、骨肉情深的象征，晋代文人陆机有诗云：“三荆欢同株，四鸟悲异林。”后来逐渐演化为兄弟分而复合的故事。在中国古代常被用来比拟亲情，象征兄弟和睦、家业兴旺，在诗歌里便成为思念亲人的知音：“受命别家乡，思归每断肠。季江留被在，子敬与琴亡。吾弟当平昔，才名荷宠光。作诗通小雅，献赋掩长杨。流转三千里，悲啼百万行。庭前紫荆树，何日再芬芳。”（窦蒙《题弟臮〈述书赋〉后》）颠沛流离中，漂泊的心中有几多牵挂，风吹紫荆落花无数，让忧郁的诗人睹物思亲；昔日朝夕相伴的手足情深像没有归处的落花一样一去不复返了，如今骨肉分离、天伦难享，收到亲人的一点音信怎能不泪如雨下。

民俗中，佛手象征多福，桃象征多寿，榴开百子象征多子，是谓“福、寿、子”三多。

紫荆好运

魁星高中

百年好合

石榴多子

蜜桃祝寿

佛手多福

竹，既有风雅宜人的姿态，又具竹报平安的吉祥，自古以来就是陶冶情操、美化宅院的祥株佳木；“日出有清阴，月照有清影，风来有清声，雨来有清韵，露凝有清光，雪停有清趣。”自古以来一直受到国人的青睐：其虚怀若谷、淡泊宁静、刚劲挺拔、洁身自好的品格备受世人推崇，与松、梅一起被誉为“岁寒三友”，和梅、兰、菊一道被赞称“花中四君子”；苏轼“宁可食无肉，不可居无竹。无肉令人瘦，无竹令人俗。人瘦尚可肥，士俗不可医”的钟情更被传颂至今，在宅院植物景观建植中独树一帜、清新出众。

孝顺竹

黄杆乌哺鸡竹

小佛肚竹

江山倭竹

竹的种类繁多，栽培上通常按地下茎的着生性状分为单轴散生型、合轴丛生型和复轴混生型三大类：

（1）单轴散生型如刚竹、淡竹等，竹鞭细长，每节着生一芽，萌笋成竹后在地面上稀疏散生。

（2）合轴丛生型如慈孝竹、麻竹等，竹鞭短缩、节密，顶芽出土成笋，新竹紧贴老竹密集丛生。

（3）复轴混生型如箬竹、罗汉竹等，兼有单轴散生型和合轴丛生型的特点，地上竹林分布散生、丛生并存。

中国古代园林已到了无竹不园的崇高境界，特别是在受亚热带季风影响的江南地区，园林用竹更是达到了登峰造极的境地。

其中，最负盛名的当数扬州“个园”。园主性爱竹，取半个“竹”字，植满园风雅；叠四季假山，赢天下美誉。此外，南京的随园、芥子园，苏州的留园、西园，广州的清辉园，均是以竹造景的典范：通幽竹径、粉墙竹影、漏窗竹景、山石竹伴，无一不充分显示了竿竿修竹的婵娟挺秀、芊芊幽篁的潇洒飘逸。近代科学论证更表明有高叶面积指数的竹，突出的环境效益更符合现代人居理念的时尚潮流，使其成为当今园林树木景观建植中的宠儿。

按其观赏特性分为：

（1）赏秆竹，常见的有斑竹、紫竹、金镶玉竹、花孝顺竹、方竹、罗汉竹、佛肚竹等。

（2）观叶竹，常见的有凤尾竹、鹅毛竹、阔叶箬竹、锦竹、菲白竹等。

紫竹

阔叶箬竹 · 黄杆乌哺鸡竹

大琴丝竹

斑竹

菲白竹

黄皮刚竹、阔叶箬竹、鹅毛竹等

棕榈科植物作为单子叶纲中一个非常特殊的类群，以其独特的风格、显明的个性、突出的体征，成为营造热带园林植物景观的优良树种，最早流行于欧美园艺界，后被许多国际旅游城市广泛采用，特别是在海边、湖畔临水群植及在草坪、土丘上丛植效果尤佳。

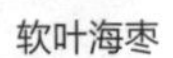

软叶海枣

油棕

霸王棕

山棕

黄槟榔

椰子

茎秆高大雄伟的种类，如椰子、大王椰子、狐尾椰子、油棕等，作庭园衬景或建筑物的背景，以荫庇烈日、活跃视野。而茎秆低矮奇特、色泽典雅清丽的种类，如帝王葵、三角椰子、酒瓶椰子等，则可适量种植在山脚、水旁、前庭等较小绿地，用以衬托山石、水体等景观；道路两侧、建筑物旁，若用红槟榔、红棕榈等彩色茎秆、彩脉种类作点缀，又别有一番景色。

叶状独特、树形多样的棕榈科植物，或茎秆粗壮高大，具雄伟之力；或修直耸立，有劲秀之美；或丛生灌木状，拥茂盛之态。近10年来开发应用的耐寒、耐旱品种如粗干华盛顿葵、加拿利海枣、银海枣、欧洲棕、布迪椰子等，能很好地适应我国广大温带地区降霜和缺水的环境条件。

红槟榔

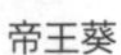

帝王葵

假槟榔

椰子

大王椰子

2. 景随季变乐逍遥

园林植物姹紫嫣红、争奇斗艳，最能让人联想到大自然的勃勃生机；利用植物器官性状的季节变化创造四时景观，在庭院艺术中被广泛应用：色有春柳、夏竹、秋枫、冬柏，花有春桃、夏薇、秋桂、冬梅，卉有春芍、夏荷、秋菊、冬兰。

中国古典名园建造时，对植物景观的配置极为考究，造园者充分利用落叶树种季相变化的特点，营造生态植物景观：早春，迎春金灿、桃樱红艳、芍药怒放；入夏，紫藤英累、莲荷色艳；金秋，桂花馥郁、银杏金灿、槭艳似火；隆冬，腊梅傲雪、松柏苍翠。

园林植物的选择是否恰当，功能应用是否得体，最能鉴赏花园景观的布局品位，最能反映园林设计、施工的独具匠心。因文人画师的直接或间接参与，园景带有浓厚的写意山水画艺术特征，在景观配置时更为注重植物形姿和文化内涵的选择，钟情寓意淡泊清高的树种，以表达志向高洁、超凡脱俗的思想境界：松、竹、梅“岁寒三友”，梅、兰、竹、菊“四君子”，以及经隆冬而不凋的苍松、翠柏等，成为豪宅名园中植物景观配置时的最佳组合。

春色满园

夏竹浓郁

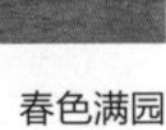

秋枫红艳

冬梅映雪

苏州拙政园向以“林木绝胜”著称，“林木茂密，石藓然”，数百年来一脉相承、沿袭不衰。

早期王氏拙政园31景中，2/3景观取自植物题材：如桃花片，“夹岸植桃，花时望若红霞”；竹涧，“夹涧美竹千挺”，“境特幽回”；瑶圃百本，“花时灿若瑶华”。归田园居也是丛桂参差、垂柳拂地，仅中部23处景观，80%以植物为主景：如远香堂、荷风四面亭的荷（“香远益清”，“荷风来四面”），倚玉轩、玲珑馆的竹（“倚楹碧玉万竿长”，“月光穿竹翠玲珑”），待霜亭的橘（“洞庭须待满林霜”），听雨轩的竹、荷、芭蕉（“听雨入秋竹”，“蕉叶半黄荷叶碧，两家秋雨一家声”），玉兰堂的玉兰（“此生当如玉兰洁”），雪香云蔚亭的梅（“遥知不是雪，为有暗香来”），听松风处的松（“风入寒松声自古”）；及海棠春坞的海棠，柳荫路曲的柳，枇杷园、嘉实亭的枇杷，得真亭的松、竹、柏等。

至今，拙政园仍然保持了以植物景观取胜的传统，荷花、山茶、杜鹃为经典的三大特色花卉。

每至春日，山茶如火，玉兰如雪，杜鹃盛开，“遮映落霞迷涧壑”；夏日之荷，清香扑面；秋日之木芙蓉，如锦帐重叠；冬日老梅偃仰屈曲，独傲冰霜。

江南才子文征明当年亲手种植的紫藤，历经400余年，仍身姿矫健、绿荫满庭，被朱德的老师李根源先生称为“苏州三绝”之一。

青翠欲滴

荷香四溢

花团锦簇

古藤苍健

姹紫嫣红、争奇斗艳

紫叶桃

红石楠

山麻杆

紫叶李

彩色园林树种更以其独特的景观魅力，成为宅院植物配置的热点话题。其中，以季相彩叶树种的数量类型最为繁多，色彩谱系最为丰富，生态景观最为显著，选择应用最为广泛。

从彩叶性状显现的季相特征观察，春色叶树种的主流色系为红色，如山麻杆、石楠、紫叶李、紫叶桃等。

扬州个园，“四季假山”的植物景观配置格外出众：

春山位于南园入口处园门两侧的方形花圃内，六七枚碧绿的笋石在数十竿翠竹的映衬下，伴随雨后春笋向人们传送着春天的信息，抢先向人们致意；进入园门，踏上别具匠心的“红药阶”，时节仿佛就在不知不觉中被切换，在数步之间就从春天走进了初夏：红药花开的时节，是“春去”、“春馀”，紧步“春山”的“红药阶”一景，巧妙体现了造园者在景随步移之间的精心构思。

夏山的灿烂，不但在于湖石重峦叠嶂，池水碧绿环绕，洞穴曲径通幽，还在于树木青葱蓊郁；从高大的广玉兰到纤细的郁李，还有攀岩探空的凌霄，乔、灌、藤木的立体配植，把玲珑剔透的夏山装点得绿意盎然、荫翳清凉。

由黄石堆叠而成的秋山，松之苍翠、枫之鲜红，与山色相映成趣；特别是在夕阳西下之际远看秋山，秋高气爽、心旷神怡。

冬山的妙处，在于采用宣石堆叠，似逼真嬉戏玩耍的群狮，山脚用不规则的矾石刻意铺就，光滑如水、裂纹似冰；山旁配植的腊梅傲雪怒放，点点鹅黄融化了冬的寒冷，山间的榆树直逼苍穹，枝枝摇撼着冬的威严，两者高低相衬，遥相呼应，相得益彰。更难得透过西墙上的洞窗可映现春山的翠竹，将春光与冬景隔墙相连，巧妙地完成了四季景观的衔接转换。

翠竹春笋

玉兰夏荫

腊梅冬香

红枫秋艳

羽毛枫、乌桕

栎树

银杏

无患子

秋色叶树种的主流色系则有红、黄两大类别，树种类型也较春色叶树种丰富得多：

秋叶金黄的著名树种有金钱松、银杏、无患子、七叶树、槐树、马褂木、柳树、石榴等，秋叶由橙黄转锗红的树种主要有水杉、池衫、落羽衫等，秋叶红艳的树种有榉树、乌桕、重阳木、枫香等。

漆树科、槭树科、壳斗科栎属以及蔷薇科梅属中的樱花等，则因树种、品种差异呈现出更加丰富的彩幻变化。

常彩叶树种，虽叶色的季相动态变化不明显，但其色彩稳定、持效长久，是修剪彩篱、构建色块、镶拼模纹的绝佳材料。

我国自主培育的新品种红花檵木，20年来不断更新、佳品迭出，载誉大江南北：枝繁叶茂、叶色红紫,花姿奇特、花色红艳，是目前彩叶模纹篱应用中的佳品，片植于草地、林缘或球植于山石、建筑物旁，色彩对比强烈。

20世纪80年代从欧洲引进的杂交新品种金叶女贞（加利福尼亚金边女贞×欧洲女贞），以其亮丽金黄的彩叶性状扮靓南北园林，至今风采不衰；可与红叶的紫叶小檗、红花檵木或绿叶的龙柏、黄杨等组成强烈的色彩对比，具极佳的观赏效果。

中国工程院院士陈俊渝教授于20世纪30年代从美国引进的美人梅，以其耐寒易植、叶花靓丽的优良特性挺进常彩叶树种大军：叶片色泽稳定，在整个生长周期中紫红、亮丽；树形紧凑、叶片稠密，整株色感表现非常好。

新近从北美引进栽培的紫叶加拿大紫荆，彩叶期长达7个月以上，特别是早春新叶红艳靓丽的景观效果十分卓越，极大地丰富了园林植物生态景观。

金叶女贞

红花檵木

美人梅

紫叶加拿大紫荆（前）、紫叶桃（后）

粉若桃腮山茶
洁白如雪山茶
蔷薇枝婀娜
芙蓉花色变
碧桃红烂漫
连翘串黄金

古人云：“用笔不灵看燕舞，行文无序赏花开。”

园林树木的花器有着姿态万千的形状、五彩妍丽的颜色以及多种类型的芳香。

兴致勃勃地欣赏花器的色、香、姿、韵，不仅可以陶冶情操，增添生活情趣，而且有益于身心健康。

不同花木种类的形态特征和生长习性，决定其在宅园绿地应用中的各自地位，如海棠坞、紫薇圃、木樨园、迎春岭等；而同一树木种类在不同环境条件和栽培意图下，又可有多种功能的选择和艺术的配置。

多姿多彩的杜鹃花殷红似火，唐代著名诗人白居易赞美道："火树风来翻绛焰，琼枝日出晒红纱。回看桃李都无色，映得芙蓉不是花。"杜鹃花被人们誉为"花中西施"，与报春花、龙胆花合称为"中国三大名花"。

海棠春媚

紫薇夏艳

迎春映雪

桂花秋香

杜鹃花海

梅花为我国传统名花之一，干古朴苍劲，枝倩影扶疏，花暗香浮动，意蕴味无穷 。南宋著名词人陆游的《卜算子·咏梅》流传至今：“驿外断桥边，寂寞开无主。已是黄昏独自愁，更著风和雨。无意苦争春，一任群芳妒。零落成泥碾作尘，只有香如故。”花香馥郁，闻之似能解人苦乐，“七情之病也，香花解”：满怀忧愁时步入花的世界，花香沁脾，烦扰自然烟消云散；怒火中烧之际来到百花丛中，香气袭人，也会令人心平气和。

梅花报春

腊梅辞冬

古人云“梅花报春”，就因其是二十四番花信中的第一名，在严寒中开百花之先，独天下而春，因此又常被作为传春报喜的吉祥象征，最宜植于庭前、屋旁，孤植、丛植均美，群植“梅花绕屋”尤著；“岁寒三友”的构景，应以梅花为前景、松为背景、竹为客景，可收相得益彰之效。

（宋）陈棣《腊梅三绝》，更是细腻生动地描画出色泽的绝妙魅力：

（一）

蜂采群芳酿蜜房，酿成犹作百花香。

化工却取蜂房腊，剪出寒梢色正黄。

（二）

林下虽无倾国艳，枝头疑有返魂香。

新妆未肯随时改，犹是当年汉额黄。

（三）

寒菊已枯分正色，春兰未秀借幽香。

凭君折取簪霜鬓，解与眉间一样黄。

桂花种类很多，（明）王象晋《群芳谱》载："木樨有秋花者，春花者，四季花者，逐月花者。"花开时节香气清可荡涤、浓可致远，因此有"九里香"的美称。《客座新闻》载："衡神祠其径，绵亘四十余里，夹道皆合抱松桂相间，连云遮日，人行空翠中，而秋来香闻十里，真神幻佳景。"

桂花叶茂而常绿、树龄长久，秋花甜香四溢，是中国特产的观赏花木和芳香树，为传统十大名花之一。（宋）吕声之《桂花》赞曰："独占三秋压众芳，何夸橘绿与橙黄。自从分下月中秋，果若飘来天际香。"

花不醉人人自醉，缘于花香刺激人的嗅觉而使人产生愉快的感觉；汉晋后开始与月亮联系在一起，以其清雅高洁、香飘四溢，被称为"仙树"、"花中月老"，"月宫仙桂"的神话更给世人以无穷的遐想："月待圆时花正好，花将残后月还亏，须知天上人间物，同禀清秋在一时。"

桂花在长期的历史发展进程中形成了深厚的文化内涵和鲜明的民族特色，是崇高、贞洁、荣誉、友好和吉祥的象征，仕途得志、飞黄腾达者谓之"折桂"。宅园中常与亭、台、楼、阁等建筑小品及山、石相配，把玉兰、海棠、牡丹、桂花四种传统名花同植庭前，以取玉堂富贵之谐音；对植称"双桂当庭"或"双桂留芳"，喻吉祥之意。

丹桂（橙红）

金桂（金黄）

双桂当庭

列犀景深

扬州何园，在配植植物景观时十分注重物种的多样性配置原则：春之牡丹、芍药、玉兰，夏之紫薇、石榴、凌霄，秋之丹桂，冬之腊梅，一年四季花事不断、花容长驻、园景月新，正如欧阳修《谢判官幽谷种花》描述："浅深红白宜相间，先后仍须次第栽。我欲四时携九去，莫叫一日不花开。"

造园者还规划观花、观叶和观果类植物的合理配置，以呈现更加丰富多彩的生态植物景观：观花类植物主要有丁香、樱花、琼花、紫薇、夹竹桃、广玉兰、桂花、茶花、腊梅，月季、荷花等；观叶类植物如丝棉木、鸡爪槭、朴树、梧桐，地锦、常春藤，竹，芭蕉等；以及石榴、木绣球、南天竹、枇杷等观果类植物。

玉绣双庭

竹石趣映

百年夹竹桃

百年石榴树

园中根据植物命名的景点有桂花厅、玉绣楼、牡丹厅等：桂花厅，因植金桂、银桂、丹桂、四季桂等而得名，每当中秋时节，桂子月中落、花香云外飘，举家团圆、赏桂品茗，其乐融融。玉绣楼，因其院中植有一株广玉兰和一株木绣球而得名，高大伟岸、浓阴如盖的百年古树广玉兰，与那株典雅纤秀、花团锦簇的木绣球，春夏交替，竟吐芳华，生动了一院光景。

扬州芍药在历史上享有盛名，何园中的芍药，栽培品种有乌龙探春、黑紫献金、大红袍、红云映日、胭脂点云、粉玉楼、黄金轮、金带围、白玉冰、春山卧雪等数十个之多；而牡丹作为主题花卉更是品种繁多、争奇斗艳，楠木厅东的两座大型牡丹池，为园中牡丹最为集中、最为大观之处，四五月间、春夏之交，观芍药、赏牡丹，已成为闻名遐迩的游园观景盛事。

园林树木的枝干，大多为深浅不等的褐色，特别是进入壮、老年期以后，其枝干表皮粗裂，虽其强干劲枝的空中轮廓不失为一道别致的风景线，但隆冬落叶后又显一片萧瑟。

彩色枝干类树种，或因其光洁色丽，或因其斑驳色趣，在园林景观中别具一格、独领风骚。

这里，既有灰白色枝干的柠檬桉，青绿色枝干的梧桐，淡紫褐色缠绕茎干的紫藤，金黄色枝干的金枝国槐、金枝柳，红色枝干的赤松、红端木，鲜红色幼枝的香椿、红枝槭；也有斑驳中漏出鲜嫩皮色的白皮松、豹皮樟，斑驳中漏出红褐或灰白皮色的榔榆、木瓜、二球悬铃木，枝干表皮呈纸片状剥离的白千层、红桦、白桦；毛白杨和菩提树主干上的目状皮孔，更给其彩干性状增添了神奇的魅力。

紫藤

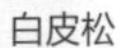

白皮松

木瓜海棠

白桦

地被植物，是指那些株丛密集、低矮，经简单管理即可覆盖地表、保持水土、吸附尘土、净化空气、减弱声音、消除污染并具有一定观赏价值的植物。地被植物的种类很多，一般多按其生物学、生态学特性并结合应用价值进行分类：

灌木类，如杜鹃花、栀子花、红叶石楠等；藤本及攀援，如常春藤、爬山虎、金银花等；矮生竹类，如凤尾竹、鹅毛竹等；草本，如三叶草、马蹄金、麦冬等；蕨类，如凤尾蕨、水龙骨等；其他一些适应特殊环境的地被植物，如耐盐碱能力很强的蔓荆、珊瑚菜和牛蒡等。

开花地被

观叶地被

季节性草花

宿根性地被

季节性地被草花在宅居花园的时相景观营造中占有十分显著而重要的作用。

（1）一、二年生草花地被是鲜花类群中最富有的家族，在阳光充足的地方更显出其优势和活力。如紫茉莉、太阳花、雏菊、金盏菊、香雪球等株丛密集、风格粗放、花团似锦的种类，是地被植物组合中不可或缺的。

（2）宿根观花地被的花色品种丰富，养护管理粗放，如鸢尾、玉簪、萱草、马蔺等被广泛应用于花坛、路边、假山园及池畔等处。尤其是节日盛花的种类，如“五一”开花的芍药、玲兰、山罂粟、铁扁豆等，“十一”开花的葱兰、小菊、矮种美人蕉等，更因其极高的生态观赏价值而备受青睐。

（3）宿根观叶地被植物耐阴性强，如麦冬、石菖蒲、万年青等叶丛茂密贴近地面，生态效果良好；而叶形优美的虎儿草、蕨类等植物以及薄荷、藿香等阔叶型观叶植物，也越来越被人们所关注。

如果你喜欢有香味的庭院，那么有蓝色的迷迭香、鼠尾草，紫色的熏衣草，还有意大利腊菊、柠檬薄荷、芳香天竺葵等，真是妙不可言、乐趣多多。不同种类的香草植物功能各异，有的能驱虫、杀菌、净化空气，有的可熏香、沐浴、美容，还有的可做菜、泡茶、调味；当健康而美妙的香草气息从宅院中流淌出来的时候，确实既保护人居环境和人体健康，又让人陶醉不已。

香草植物因很少遭受害虫侵袭，栽培比较轻松；面积不太大的宅院，应以低矮的植物种类为主，配置少量灌木及小乔木，以花镜、花丛、花带的形式营造出景色可人的温馨空间。

结合庭院水景设置，可在池塘、湖面、溪涧、喷泉、跌水等处丛植，或水边栽植鼠尾草、薄荷等，充分发挥香草植物花序清雅、株丛紧凑的优势，用淡雅的花色来丰富景观色彩，增加水景层次。

在欧美庭院中，常可见迷迭香沿步道或台阶两侧一直延伸到门厅前，圆球式株型的景观引导效果极为突出；熏衣草是不可或缺的耐寒种类，常呈花带或花丛布置，但因无法忍受炎热和潮湿，夏季需注意适当遮阴和地面排水。罗勒、茴香等的驱虫能力较强，可种植在门窗前；步道两侧花镜，可选择迷迭香、熏衣草等为前景，冷色系、竖线条的猫薄荷、香紫苏、鼠尾草等作后景，中景则一般采用开花效果好的欧著草、天竺葵、西洋甘菊、美国薄荷等。

花镜设置宜在通风向阳的位置，栽植密度不宜过大，以保证植株间的空气流通和足够的生长扩展空间；而容器栽植便于调节植株高度，适于配置层次丰富的立体花坛；阳台盆栽则以小型品种为主，唇萼薄荷可作悬挂配置。

自然野趣

规则精细

花坛植被

绿色雕塑，是用形色各异的园林植物精心培植而成的姿态各异、气韵生动的艺术形象；植物种植与雕塑制作相结合，巧妙地将“自然、人文、艺术”主题融合在环境美化之中，具有塑造宅园美好形象、彰显人居环境特色等奇效。

木本植物雕塑，主要通过造型修剪来实现，树种选择宜采用叶片细腻、枝条繁茂的类型，如松柏、黄杨、榕树等。

星罗棋布

几何形体

模纹图案

连续变形

离散设置

草本植物雕塑，主要通过制胎填充来完成，植物选择宜采用叶色靓丽、花朵鲜艳的类型，如彩叶草、海棠花等。

生态绿墙

心意色球

厚重仓屯

灵动水车

戏水海豚

水生植物种类繁多，茎叶形态奇特、色彩斑斓，花朵各具风韵、艳丽缤纷，在生态环境中相互竞争、相互依存，构成了多姿多彩的水域王国，是水景园观赏的重要植物组成。

在植物进化过程中，水生植物沿着由沉水植物→浮水植物→挺水植物→湿生植物的进化系列演变着，其演变过程和湖泊沼泽化进程相吻合；可以说湿生植物是偶然或不经常的水生植物，挺水植物是根茎水生的水生植物，浮水植物是面叶气生的水生植物，只有沉水植物是完全的水生植物。

挺水植物的茎仅下部或基部沉于水中，植株上部的大部分挺出水面，根扎入泥中生长，有些湿生、沼生种类具有根状茎或根有发达的通气组织，生长在靠近岸边的浅水处，如莲花、黄花鸢尾、菖蒲等，常用于水景池畔、岸边布置。

莲花，又名荷花，是印度的国花，被视为神的象征；绿叶清秀，花色丰富，花香沁肺，作为中国十大传统名花之一，是美化水面、点缀亭榭的重要水生植物。依据栽培用途，莲花品种通常分为三种类型：以观花为目的的花莲，以产藕为目的的藕莲，以及以产莲子为目的的子莲。花莲长势弱；一般根茎细软，茎和叶均较小，但开花多、群体花期长，花形、花色较丰富，品种达300多个。

荷花

睡莲

凤眼莲

金鱼藻

浮水植物为茎叶浮水，根固着生活型的植物。茎细弱不能直立，有的无明显地上茎，根状茎发达；植株体内通常储藏有大量的气体，根茎常具有发达的通气组织，叶片甚至植株能平稳地浮于水面上。此类水生植物种类繁多，花大美丽，如王莲、睡莲、芡实等，可生长于水体较深的地方，多用于水面景观的布置。

睡莲花、叶俱美，常点缀于平静的水池、湖面，也可直接栽于大型水面的池底种植槽内或作盆栽观赏应用。红睡莲，原产印度、孟加拉一带，花色桃红，傍晚开花，次日上午闭合；蓝睡莲，原产埃及、北非、墨西哥，花色蓝，傍晚开花，次日上午闭合；黄睡莲，原产北美洲南部墨西哥、美国佛罗里达州，花色鲜黄，午后开花，次日上午闭合；齿叶睡莲，原产埃及尼罗河，叶缘有不等三角状锯齿，花色白，傍晚开花，次日上午闭合。

漂浮植物为根不生于泥中、植株自由漂浮于水面上的生活型植物，地上茎短缩，植株随着水流、波浪四处漂泊。此类水生植物种类较少，多数以观叶为主，如大漂、凤眼莲等，常用于水面景观的布置。

凤眼莲叶色光亮、叶柄奇特，花形高雅，花色俏丽，适应性强，管理粗放，又可以消除废水中的砷、汞、铁、锌、铜等重金属以及有机污染物质，是美化水面、净化水质的良好材料；但植株侵染性强，栽培应用时需隔离措施。

沉水植物指根生底质中，植株在大部分生活周期中沉水的生活型植物，在水下弱光条件下也能生长；叶多为狭长或丝状，通气组织特别发达，利于在水下环境中进行气体交换，如金鱼藻、黑藻等。

沉水型植物多生长于水体较中心的地带，植株各部分均能吸收水体中的养分，常用于构筑“水下森林”以分解腐殖质，净化水质。

生态配置　湿地水景

香蒲如炬　水景灵动

花叶芦竹　水葱美蕉

睡莲覆池　荷叶鹤立

茅屋栈道　田园水乡

大漂如莲　再力花奇

3. 栽植养护很重要

花园植物的自身形体、色彩及季相变化韵律，花境内植物花期的时序变化，花色的块状交替变化，都与栽植养护有关。

（1）宅院的园林树木栽植，原则上应根据树木的不同生长特性和栽植地区的特定气候条件，选择适宜的时期进行。一般来说：落叶树种多在秋季落叶后或在春季萌芽前进行，因为此期树体处于休眠状态，受伤根系易于恢复、移植成活率高。常绿树种栽植，在南方冬暖地区多行秋植或于新梢停止生长期进行，北方秋旱风大地区宜春植，但在时间上可稍推迟，春旱严重地区可在雨季栽植，冬季严寒地区以新梢萌发前春植为宜。

护树体　轻吊放

深挖穴　浅栽植

打吊针　强活力

筑根盘　保生长

树木栽植，可依据树种的生长特性、树体的生长发育状态、树木栽植时期以及栽植地点的环境条件等分别采用不同的方法：裸根栽植多用于常绿树小苗及大多落叶树种，其关键在于保护根系的完整性，侧根、须根尽量多带；从掘苗到栽植期间务必保持根部湿润，防止根系失水干枯。

常绿树种及七叶树、玉兰等某些裸根栽植难以成活的落叶树种，多带土球移植；大树移植和生长季栽植亦要求带土球进行，以提高移植成活率。如使用蒲包包扎的较大土球，栽植时须撤出蒲包物料，以使根系与土壤紧密接触、促进新根萌发；草绳或稻草之类易腐烂的土球包扎材料，用量较多的可在树木定位后剪除一部分，以免其腐烂发热影响树木根系生长。

种植现场的地形处理是提高栽植成活率的重要措施，必须与周边道路、设施等的标高合理衔接，排水降渍良好，并清理有碍树木栽植和植后树体生长的建筑垃圾及其他杂物。

树木定植前必须对树冠进行不同程度的修剪，以减少树体水分的散发、维持树势平衡，利于树木成活。

定植后的树体根颈部略高于地表面为宜，切忌因栽植太深而导致根颈部埋入土中，影响树体栽植成活和其后的正常生长发育；雪松、广玉兰等忌水湿树种常露球种植，露球高度约为土球竖径的1/3～1/4。

常绿乔木和干径较大的落叶乔木定植后需进行裹干，即用草绳、蒲包等具有一定保湿性和保温性的材料，严密包裹主干和比较粗壮的一、二级分枝。

樱花、鸡爪槭等树干皮孔较大而蒸腾量显著的树种以及香樟、广玉兰等大多数常绿阔叶树种，定植后的枝干包裹强度要大些，以提高栽植成活率。

裹干处理：一可避免强光直射和干风吹袭，减少干、枝的水分蒸腾；二可保存一定量的水分，使枝干经常保持湿润；三可调节枝干温度，减少夏季高温和冬季低温对枝干的伤害。

瓜子黄杨

黑松

紫薇

海桐

扁担桩

井架桩

双层四角桩

胸径>6厘米的树木植后应立支架固定，特别是在栽植季节有大风的地区，以防冠动根摇影响根系恢复生长：

裸根树木栽植常采用标杆式支架，即旁打一杆桩，在树高1/3~2/3处用绳索将树干缚扎在杆桩上，并衬垫软物。

带土球树木常采用扁担式支架，即在树木两侧各打入杆桩，上端用一横担缚联，将树干缚扎在横担上完成固定。

三角桩或井字桩的固定作用最好，且有一定的装饰效果；散生竹类栽种，多用联结杆支撑，省时、省材，简便实用。

联结杆

（2）园林树木栽植，有“三分栽种，七分管养”之说。树木定植后及时到位的养护管理，对提高栽植成活率，恢复树体生长发育，及早表现景观生态效益具重要意义。

农谚说“树木成活在于水，生长快慢在于肥”，定根水是提高树木栽植成活率的主要措施，特别在春旱少雨、蒸腾量大的北方地区尤需注重。紧依种植穴直径外围筑成高10～15厘米的灌水土堰，浇水时应防止因水流过急而冲裸露根系或冲毁围堰；对排水不良的种植穴，可在穴底铺10～15厘米沙砾或铺设渗水管、盲沟，以利排水。

新移植树木的根系吸水功能减弱，日常养护中水分管理的根本目的是保持根际适当的土壤湿度。土壤含水量过大会抑制根系的呼吸，对发根不利，严重的会导致烂根死亡，因此：一方面要严格控制土壤浇水量，第一次浇透定植水后应视天气情况、土壤质地谨慎浇水；另一方面，要防止树池积水，定植时留下的围堰在第一次浇透水后即应填平或略高于周围地面，以防下雨或浇水时积水，在地势低洼易积水处要开排水沟，保证雨天能及时排水。

施肥可促进新植树木地下部根系的生长恢复和地上部枝叶的萌发生长，有计划地合理追施一些有机肥料，更是改良土壤结构，增进土壤肥力的最有效措施。新植树的基肥补给应在树体确定成活后进行，施用的有机肥料必须充分腐熟并用水稀释后才可施用；用量一次不可太多，以免烧伤新根，事与愿违。

透气美观护根盘

牢固支撑为安全

栈道架空增透气

围堰抬根利灌排

整形修剪是园林树木栽培及养护管理的经常性工作之一，合理修剪以使枝干着生位置和伸展角度合适，骨架坚固、外形美观，是韵律构成元素中最具活力的生命象征。

园林树木的景观价值需通过树形、树姿来体现，生态价值要通过树冠结构来提高，只有根据树体的生长动态不断予以调整、修剪，才能保持规划设计中所制定的恰当比例尺度：

机械修剪　快捷规范

人工绑扎　精细巧妙

人工整形　风度翩翩

高空修剪　胆艺过人

尺度一般是指植株达到壮龄期的体量大小，主要指植株高度和冠的大小；合理修剪可抑制生长过旺的枝条，纠正偏冠、均衡株形。壮龄植株是指处于生长发育盛期的个体，不同植物种类的壮龄植株尺度有很大差别，因此物种选择必须有预前考虑；如果植株超越设计时预留的空间，只有采取额外的控制措施才能维持原来的景观效果。

整形是指通过一定的修剪措施来形成栽培所需要的树体结构形态，表达树体自然生长所难以完成的不同栽培功能；而修剪则是服从整形的要求，去除树体的部分枝、叶器官，达到调节树势、更新造型的目的。因此，整形与修剪是紧密相关、不可截然分开的完整栽培技术，是统一于栽培目的之中的有效养护管理措施。

不同种类的树木因其生长特性不同而形成各种各样的树冠形状，但通过整形、修剪的方法可以改变其原有的形状，服务于人类的特殊需求，现今日渐流行的盆景式栽培就是充分发挥修剪整形技术的最好范例。

五、宅居花园的环境与类别

现代城镇里的“宅园”，考虑到北半球的光照特点，一般以宅前南向园地为主，或位于邸宅的东、西一侧而成跨院；宅后的北向院落通常较小或根本没有，前宅后院的格局已不多见。只有单独建置不依附于邸宅的“游园”以及建在郊外山林风景地带的“墅园”，才是因阜掇山、因洼疏地、树木花草显胜的“城市山林”，主要供园主人避暑、休养或短期居住之用，空间规模比一般宅园大得多。

1. 别墅花苑高端鉴赏

（唐）王昌龄《诗格》，说诗有三境：一曰物境，二曰情境，三曰意境。江南宅园是中国传统美学的完整体现：宅园的主人是诗人、画家，也是园丁和工匠，硬生生地把江南宅打造成一个个中国古典文学的形象范本。

磴几营休闲

井苑添氛围

曲桥增景致

水榭秀温情

“耦园”即为代表：“城曲筑诗城，耦园住佳偶”。园主沈秉成是清末安徽巡抚，出身贫寒，父亲靠织帘为生，丢官后携妻到苏州隐居，请一位顾姓画家共同设计建造，其典型意境在于昭示夫妻真挚诚笃的“感情”。

西园有“织帘老屋”和“藏书楼”，四周有象征群山环抱的叠石假山，展示其继承父业、读书明智的意境。东园有“城曲草堂”、“双照楼”、“枕波双隐”轩，以示夫妻双栖、形影相怜、枕流赋诗的清贫生活，东南角“听撸楼”一展江南水乡的恬淡气息；园中央一湾溪流、假山环抱，南端一水榭额匾题名“山水洞”，取自欧阳修“醉翁之意不在酒，而在山水之间也”。东侧山上建“吾爱亭”，源自陶渊明“众鸟欣有托，吾亦爱吾庐。既耕亦已种，时还读我书”的抒情诗篇。

现代著名建筑师童寯在《苏州园林》中写道："中国园林实际上正是一座诳人的花园。是一处真实的梦幻佳境，一个小的假想世界。"在有限的空间范围内利用独特的造园艺术，将湖光山色与亭台楼阁融为一体，把生意盎然的自然美和创造性的艺术美融为一体。

环秀山庄便体现了古人造园的高超艺术境界，把园景引入了更深的审美层次："丘壑在胸中，看叠石疏泉，有天然画意；园林甲天下，愿携琴载酒，作人外清游。"

拙政园内有两处赏荷的景点，由于命名的不同含义，一样的景物却给人以两般的感受，物境虽同而意境则殊：

"留听阁"是一个抽象化的船厅，厅前平台如船头，出自唐代李商隐有"秋阴不散霜飞晚，留得残荷听雨声"的诗意，以为阁称。

"远香堂"临水而筑，堂北的宽阔平台连接荷花池，根据宋代周敦颐《爱莲说》中的"香远益清"句意，以为堂名。

梦幻佳境

生机盎然

"留听阁"抽象船厅

"远香堂"临水赏荷

日式风范

新加坡风情

现时国内房地产项目中的低密度住宅，即所谓“别墅”，户外的私有空间要较普通住宅大好多；随着人们对生活质量的要求提高，庭院的环境打造愈来愈受到户主的重视，“墅园”的规划设计也愈来愈受到业主的青睐。

在别墅庭院的设计制作上，应强调景观的归属感与尊贵的理性荣耀，将对非一般的居住理想与亲近自然、向往自然的深度渴求回归到原始生态、质朴本真的生活本位上来，力求用精练的笔触勾勒无限意境，确保园林语言的上佳表现。本着产品贴近自然的原则，尽可能使用天然原材料制作符合现代庭院景观需要的园林用品，彰显个性却不破坏自然景观，体现人与自然的和谐。在防腐木材、休闲座椅、山水景观、地面装饰、庭院护栏、植物配置等选择上，从材质到色彩的精心斟酌，用专注、专心、专业的执著来营造完美的庭院生活。

返璞归真

田园风光

在普通消费者传统的印象中，庭院施工的要求相对简单容易，仿佛就是一座园亭、一个水池、几块石头、若干植物的简单拼装；实际上的庭院改造是大型园林工程的浓缩版，综合了水电管网、土建、绿植、照明、景观小品等多种要素的协调统一，需要认真对待。由于国内的庭院改造大多由室内装修设计师附带完成，因与园林景观设计师的本质差别，造成庭院设计不合理，无法作周期性养护，往往3～5年后面目全非。在目前庭院设计施工企业和个人鱼龙混杂、水平参差不齐的情况下，不要崇拜效果图和设计师凭空吹嘘；应该首先参观工程实景，考察工程质量，挑选有较高庭院设计施工水准和丰富户外景观产品制作经验的专业公司为依托，确定设计师并深入沟通后再施工。园林施工资质是对施工能力的综合评定，而广大消费者往往不知道自己的施工队伍很可能是路边的“草台班子”，根本没有真正庭院园林施工的能力，现实中不乏因选择错误而后悔莫及的深刻教训。

铺装基础

基坑工程

池体造型

铺装制作

筑桥铺路

假山堆叠

平台制作

园亭装配

2. 向屋一隅大众情缘

随着人均收入的提高和住房制度的改革，人居环境有了极大的改善，大众庭院的园林化热情有了空前提高：只要有一点绿化空间，都会被合理安排、精心打造，以起到减轻生活压力、充实精神活力的积极作用。

宅居花园的设计风格，依据绿化空间的大小、形状和个人的爱好，可以选择中国古典式、西欧规则式、日本田园式等不同类型；也可以将不同的风格形式巧妙地进行组合、搭配，取得灵巧活泼、对比鲜明的艺术效果。

江南风味

一般庭院的形状有三角形、正方形、长方形、条带形、“L”形、环绕形等，阳台、露台的形状则以大小不等的矩形为主。对于大众业主来说，宅居花园成功的秘诀就是设计合理、维护简便。让花园与建筑相匹配，通过使用院子、平台、阳台、围栏及植物将建筑融入花园。

设计在很大程度上就是综合处理不同的因素，总体布局必须均衡稳定、协调统一；因此，借助园林景观规划设计的各种手法，借以优化、提升已有的庭院空间，就成为房主的普遍追求。不同区间的平衡组合，能调节出各种节奏的动感，使庭园独具魅力；硬地铺装和种植用地之间要有一个合适的比例，通过合理的植物配置把庭院的维护工作量降至最低。

欧式风范

现代风采

盆景创始于中国，历史悠久，源远流长。具有鲜明民族风格的中国盆景造型艺术，对世界盆景发生了深刻的影响：在南宋时期传到日本，20世纪初又由日本传到西方，今天已成为世界性的景观栽培艺术。

盆景以自然植物为主要材料，具有天然的神韵和生命的特征，能够随着时间的推移和季节的更替呈现出景色的变换，是一种活的艺术品，是盆栽树微型应用的一朵奇葩。目前许多城市都建有专类的盆景园，盆景爱好者的个人收藏园也愈见增多，成为宅居花园营建中又一道靓丽风景。

（1）盆景制作以植物、山石、水土等为材料，经艺术处理和园林加工，藉方寸之器集中、典型地表现大自然的优美景色，以景抒情，挥就深远的山水画轴，缩龙成寸，追求小中见大的艺术效果。

山楂

红枫

扬州盆景园

中国幅员辽阔、气候各异，自然景观各具特色，树木、山石资源各有千秋，加之传统文化、审美习俗的差异，盆景的地方流派也形式多样：

以江苏扬州为代表的“扬派”盆景，以松、柏、榆、黄杨为主要树种，采用棕丝“精扎细剪”达“一寸三弯”的极致，将枝叶整成“云片状”，造型严整、清秀。

以江苏苏州为代表的“苏派”盆景，以榔榆、雀梅、三角枫、梅为主要树种，采用棕丝“粗扎细剪”，将枝叶整成“云朵状”，格调清泊、古雅。

以四川为代表的“川派”盆景，以罗汉松、银杏、金弹子、六月雪、贴梗海棠为代表树种，将枝叶整成“盘碟状”，主干弯曲，虬龙多姿。

以广东为代表的“岭南派”盆景则以雀梅、榔榆、九里香、福建茶为主要树木种，采用“蓄枝截干”的整形手法，布局自然、豪放。

扬派“云片状”

苏派“云朵状”

川派“盘碟状”

岭南派“蓄枝截干”

提根（榔榆）

悬垂（扶芳藤）

山水盆景

中国盆景，依照其创作材料、表现对象及造型特征的不同，主要分为树木盆景和山水盆景两大类别，以及水旱盆景、花草盆景、微型盆景、挂壁盆景和异型盆景等衍生的类型。

树木盆景以园林树种为主要材料，通过技术加工和园艺栽培，在盆器中表现自然界的树木景象；树木盆景的造型，可分直干、斜干、卧干、曲干、双干、多干、垂枝、藤蔓、丛林、连根、提根、临水、附石、贴木、枯峰、悬崖等样式。

山水盆景以自然山石为主要材料，经过工艺加工布置于浅口水盆中，表现自然界的山水景象，艺术造型主要有孤峰、双峰、群峰、偏置、散置、开合、悬崖、峡谷等式样。

水旱盆景是山水盆景与树木盆景相结合的产物，在盆器中表现水面、旱地、树木、山石兼而有之的自然景观，常见造型有水畔、溪涧、江湖、岛屿等样式。

中国盆景艺术大师赵庆泉精品选

微型盆景则以体量来定义，指树高或盆长在10厘米以下。挂壁盆景是垂直悬挂在墙上的直立置景形式，异型盆景则是在特殊的器皿里进行造型加工。

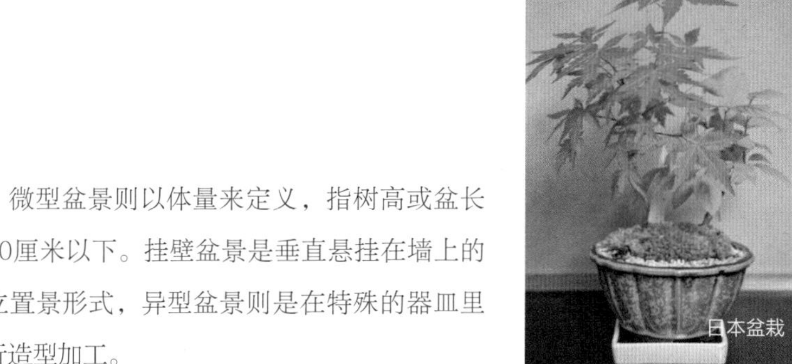

日本盆栽

微型盆景

日本盆栽

（2）盆景创作必须按照自然材料的特点，因材处理、因势利导，确定如何造型和表现主题，使作品达到自然美和艺术美的有机结合。“外师造化，中得心源”是盆景创作的重要原则，贵在源于自然，汲取创作素材；超越自然，再现自然景观。

中国盆景素以诗情画意见长，优秀的作品耐人寻味、发人遐思，“景愈藏则境界愈大，景愈露则境界愈小”，盆中景物不可一目了然，而应露中有藏，利于意境的创造，引发观者的深思。

首先，布局要做到“主次分清”，采取对比和烘托的手法，使主体突出；“繁中求简”，抓住景物特点，使立意更加集中和典型。再者，布局要“虚实相生”，使观者能有自由想象的天地；“动静相衬”，使作品显出生气与度势。

扬州盆景博物馆镇馆珍品“云壑松风”（五针松，树龄120年）

盆景艺术，不仅要逼真地反映出自然景物的形貌，而且更要表现景物生动而鲜明的神态和独具匠心的个性，达到“形神兼备”的境界：通过高低、起伏、疏密、开合等变化，表现出一种节奏和韵律，各部之间顾盼呼应、有机结合，以传达人的情感，增强作品的表现力。

造型优美的盆景，必须选配大小适中、深浅恰当、款式相配、色彩协调、质地相宜的盆器，才能成为完美的艺术品。树木盆景多采用紫砂盆和釉陶盆，大型的也常用石盆，盆的底部需有出水孔以利排水。

中国盆景作品的命名，多以古代诗词的佳作为源泉，以扩大和延伸作品所能表达的意境，起到“画龙点睛”的作用，升华作品主题，提高欣赏价值。

树木盆景是经艺术加工的生命有机体，只有通过精心的养护管理才能保持茂盛的生长和优美的姿态，才能维持盆景作品的长久观赏价值。

（3）盆景树种的选择一般以盘根错节、叶小枝密、姿态优美、色彩亮丽者为佳，若有花果具芳香，则更为上乘。此外，还要求具有萌芽率高、成枝力强，耐修剪、易造型，寿命长等生物学特性。

目前我国使用的树木盆景材料约有100～200种之多，通常可分为：

①松柏类：五针松、黑松、黄山松、圆柏、刺柏、罗汉松、澳洲紫杉等。

②杂木类：榔榆、黄杨、雀梅、九里香、朴树、福建茶等。

③叶木类：三角枫、鸡爪槭、银杏等。

④花木类：贴梗海棠、西府海棠、梅花、腊梅、杜鹃等。

⑤果木类：石榴、火棘、金弹子、老鸦柿、佛手等。

⑥藤木类：络石、紫藤、忍冬、常春藤等。

[illegible]林曲（榔榆）第四届亚太地区盆景赏石展银奖

横空出世（圆柏，清中期遗作）第六届中国盆景展金奖

铁骨峥嵘（圆柏，清中期遗作）第六届中国盆景展[illegible]佳作奖

紫藤

三角枫

迎春

花海翻腾（络石）

绿墙掩映（爬山虎）

世博生态
（2010 年上海世博会立体绿化）

3.空中花园生态添奇

空中花园是以建筑物外空间部位为依托营造绿化景观的一种特殊园林美化形式，是涉及建筑和园艺等专业学科的一个系统工程，必须从设计、选材、施工和管理维护等方面进行综合处理。

在现代城市的高密度建筑群中，空中花园作为一个异军突起的生态环境营建措施，是灰色建筑与绿色生命的艺术合璧，是人类智慧与自然生态的有机结合，可以开拓城市绿化空间，增加城市绿色面积，包装城市建筑外形，美化城市景观环境，提升城市人居质量；发展垂直绿化、阳台绿化、屋顶花园等空中花园形式，能丰富宅居花园的植物景观模式构成，完善城市生态绿地建设过程中的空间利用和视觉景观。

1）屋顶花园能补偿建筑物占用的绿化地面，不但降温隔热，改善局部小气候，而且能美化环境，丰富城市的空中景观。

屋顶花园的出现，最早可追溯到公元前2000年古幼发拉底河下游地区苏美尔人建造的大庙塔，即被后人称为空中花园的发源地。巴比伦(Babylon)是世界著名古城遗址和人类文明的发祥地之一，位于伊拉克首都巴格达以南90公里处的幼发拉底河右岸，建于公元前2350多年，是与古代中国、印度、埃及齐名的人类文明发祥地。巴比伦意即“神之门”，由于地处交通要冲，经不断扩展而成为幼发拉底河和格里底斯河两河流域的重镇，也曾是古、新巴比伦王国的首都，公元前2000年～前1000年曾是西亚最繁华的政治、经济以及商业和文化中心。

公元前604～前562年，新巴比伦国王尼布甲尼撒二世在平原地带的巴比伦堆土积山，并用石板、砖块、铅饼等垒台。此园采用分层重叠的立体叠园手法建造宫室：为了使各层之间不透水渗漏，在种植花木的土层下先铺设石板，在板上铺设浸透柏油的柳条垫，再铺两层砖和一层铅饼，最后盖上厚达4～5米的腐殖土种花植树。

相传，新巴比伦王后——波斯国公主塞米拉米斯日夜思念花木繁茂的故土，郁郁寡欢；国王为取悦爱妃，即下令在都城巴比伦兴建了高达25米的花园。花园由镶嵌着许多彩色狮子的高墙环绕，因从远处望去如悬吊空中，故又称“悬苑”，被后人列为著名的古代世界七大奇迹之一。

在20世纪60年代以后，经济发达国家相继建造各类规模的屋顶花园。美国芝加哥为减轻城市热岛效应，积极推广屋顶花园工程来为城市降温。一向重视环境绿化的日本和拥有世界上一流环保与绿化设施的德国，在建筑屋顶花园上更是达到了相当高的水平：日本设计的楼房除加大阳台以提供绿化面积外，还把最高层的屋顶连成一片栽花种草；德国则进一步更新楼房造型及其结构，建成阶梯式或金字塔式的住宅群，各种形式的屋顶花园如同一条五彩缤纷的巨型地毯，美不胜收。韩国环境部《建设高效率的生物栖息空间》项目之一的“天空乐园”，把建设生物栖息场所的生态概念引申到屋顶花园中，将空间绿化形式分为“野生绿地”、“灌木丛”、“湿地”等。

右图为日本福冈ACROS屋顶花园，设计者把台阶状屋顶当成一座山体处理，表现“春之山、夏之阴、秋之林、冬之森”植物季相变化的空间，并与南侧公园的绿化植被融为一体。

巴比伦空中花园摹原图（摘自news.eastday.com）

西侧观

东侧观

我国屋顶花园的出现在20世纪80年代后期，从成都、广州、上海、长沙、兰州等大中城市先期开始。

《北京市城市环境建设规划》明确要求高层建筑中30%的层顶和低层建筑中60%的层顶要进行绿化，2005年前以简式绿化为主，复式绿化为辅，2006年开始将逐步转向以屋顶式花园为主，简式绿化为辅；上海市绿化管理局于2006年将屋顶花园纳入绿化管理条例，新建住宅和商务楼被要求进行屋顶绿化。广州市建委、绿委、市政园林局等有关部门也已联合要求新建建筑物屋面必须按要求绿化、美化，并与主体建筑统一设计、施工、验收和交付使用；深圳市政府也已决定，在几年时间内将市内的部分建筑物屋顶分别进行绿化。

露台虽小，绿意盎然

疏林草地，时尚开朗（宾馆外庭，日本）

小桥流水，精致典雅（宾馆外庭，日本）

烟道有碍，装扮不拙

由于建筑物的多样性设计，造成面积大小、高度不一，形状各异的各种屋面，加上新颖多变的布局设计以及各种植物材料、附属配套设施的使用，目前屋顶花园模式主要有三种：

一是针对承载力较弱，事前没有绿化设计的轻型屋面，采用适合少量种植土生长的草种和地被植物密集种植的地毯式绿化，若采用图案化模式则效果更佳。

二是针对承载力较强的屋面，种植乔灌木树种，构造空间变化多样的花园式设计，能产生层次丰富、色彩斑斓的效果，适用于面积较大的屋顶。

三是组合式，即主要在屋顶四角和承重墙边用容器栽植的设计模式，摆放比较灵活方便。

屋顶花园对构造技术的要求远远高于一般的地面花园，只有将现代科技与生态科学完美地结合在一起，才能在屋顶花园这块领地里有更好的作为。

屋顶花园设计时首先要考虑屋面荷载的大小，总荷载量包括种植基质层的重量，排水层和蓄水层的重量，长成的植物重量，雨雪给建筑物增加的荷载量，人的活动给建筑物增加的荷载量，各种建筑小品的重量等，设计总荷载量要绝对控制在建筑物的安全荷载量内。

屋面荷载的大小直接影响布局形式、园林设施、基质种类和植物材料的选择等，一般来说：选用地毯种植模式对建筑物承受压力最低要求不应少于200千克／平方米，可铺设25～35厘米厚的人造土；而花园群落配置模式对屋顶的荷载要求较高，一般为400千克/平方米以上，土层厚度为30～50厘米。

屋面不同部位的承载力有所不同，如小开间的卫生间、厨房等以及墙体、构造柱等部位的承载力较大，在布局时应尽量放置大乔木、山石、亭、花架等重量大的部分，并可将覆土厚度相对增加，为植物选材设计提供更好的条件。

花园平台（日本）

会所休闲平台

会所休闲平台

商务通道平台（日本）

2）阳台花苑有非凡的生活意义：阳台绿化既能美化空间环境，又能享受田园乐趣，从而达到怡情养性的目的。

以前，人们在家居装饰中对阳台比较忽视，阳台成了“被遗忘的角落”，成了堆放杂物的“万能窝”；比较注意的家庭，也至多是把阳台封闭起来摆上几盆花而已。

宾馆阳台（日本）

公寓阳台

商务阳台

居室阳台

今天，对于讲究生活质量、注重家居整体风貌的都市居民而言，阳台花苑已成为家居花园营造的重要内容；一些观赏和应用价值兼备的水果、蔬菜和花卉还能使你劳有所获，可谓一举多得、其乐无穷。

阳台绿化可根据当地气候和个人爱好，栽植各种花木：既有常绿的盆景，又有四季鲜花；既有葱茏的树叶，又有耐旱的球茎；有的柔软垂吊，有的舒展延伸；有的可观赏花叶，有的可结出硕果，形成一个小百花园。

如果阳台是朝南的，可以养些喜欢阳光的花草，如：米兰、茉莉、扶桑、月季等。

如果阳台是朝东或朝西的，最好种些蔓生植物，如：文竹、茑蔓、牵牛花、凌霄、常春藤等。

如果阳台是朝北的，可以种些耐阴或半耐阴性植物，如：万年青、君子兰、兰花、四季海棠、龟背竹等。但如果是在冬季寒冷的北方地区，则要注意室外低温来临时的强度级别和持续时间，及时搬回室内避寒越冬。

阳台花苑布置的常用形式一般有：

（1）悬垂式：一是用小巧的容器栽种吊兰、蟹爪兰、鸭跖草等悬挂于阳台顶板上，美化立体空间；二是在阳台栏沿上悬挂小型容器，可选用垂盆草、小叶长春藤、旱金莲等藤蔓或披散型植物，使其枝叶悬挂于阳台之外，美化围栏和街景。

（2）藤棚式：在阳台的四角立竖竿，上方置横竿，固定形成棚架；或在阳台的外边角立竖竿，并在竖竿间缚竿或牵绳，形成栅栏。将葡萄、瓜果等蔓生植物的枝叶牵引至架上，形成阴棚或阴篱。

（3）附壁式：在围栏内、外侧设置栽植槽，选用爬山虎、金银花、凌霄等木本藤蔓植物，绿化围栏及附近墙壁。

（4）花架式：在较小的阳台上，可利用阶梯式等立体盆花布置以扩大种植面积，但应注意层次分明、格调统一，种类不宜太多太杂，可选用月季、仙客来、文竹、彩叶草等。

（5）花箱式：可选用一些喜阳性、分枝多、花朵繁、花期长的耐干旱花卉，如天竺葵、四季菊、长春花等。在保证安全的前提下，也可利用阳台外周设置台架以扩大空间。

走廊盆栽

依附垂悬

立体花架

阳台组合

中华常春藤

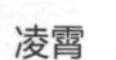

凌霄

藤本蔷薇

紫藤

花叶常春藤

3）藤本植物是指茎长而细弱，自身不能直立向上生长，匍匐于地面或悬垂，攀缘他物或人为牵引才能向上生长的植物，具有经济、快速、有效的特点，不但可以扩大绿化空间，增加绿化覆盖面积，对提高垂直绿化质量，美化特殊空间等具有独到的生态环境效益和观赏效能，而且可以有效调节室内温度，降低能源消耗，特别是在寸土寸金的宅居花园环境中，尤其值得大力推广使用。

攀缘植物在宅居花园景观中多用于花架、廊柱、墙垣、山石的攀附或垂悬绿化，不仅可垂直向上攀缘，也可水平逶迤蔓延，多种类互补以丰富空间景观，特别是具观叶、赏花性能的优良藤木树种，更能体现“谁持彩链当空舞，留得锦云在人间”的特殊效能。

藤本植物按习性分为草质藤本和木质藤本（即藤木），是一个较大的生态类群，蕨类植物、裸子植物、被子植物中均有藤木。据不完全统计，我国可栽培利用的藤本植物约有1000余种，垂直绿化中又根据有无攀缘能力分为攀缘藤木和垂悬灌木；根据不同的垂直立面绿化需要，可以利用攀缘藤本进行墙体、柱杆、棚架、栅栏等垂直绿化，也可以利用垂悬灌木进行水岸、屋顶等垂悬绿化。

攀缘植物的主要使用形式因各别树种的攀缘器官和攀缘性能有异，故在选择时要物尽其用：如棚廊、框架，应选用茎缠绕能力强的紫藤、金银花、木香、洛石等或具卷须的葡萄；而栅栏、格网，可选用云实、野蔷薇等具钩刺的种类；门檐、墙垣、附壁等光滑无依的建筑表面，则非具气生根或吸盘等攀缘器官的凌霄、爬山虎、扶芳藤、檗荔、常春藤等不可了，如葡萄、紫藤、爬山虎、木香等。

当然，在使用面积不大或须刻意营造特殊效果时，可借用人为辅助攀缘设施，如布设钉桩、绳网、木格、栅栏或具排灌功能的花钵、花箱等，以扩大植物种类的选择应用范围。

此外，在开阔的绿地空间内设置廊架庭阴，因日照时间长，光照强度高，土壤水分蒸发量大，宜选用喜光、耐旱的紫藤、葡萄、木香等；如在日照时间较短的屋隅、拐角或建筑物北侧，则以栽植金银花、常春藤等耐阴湿种类为宜。

爬山虎

藤本蔷薇

木香

紫藤

屋顶防水和屋面排水是一个事物的两个方面，因此防水层中排水系统的设计和安装非常重要，它将直接影响到防水问题。花木生存离不开水和肥料，如果屋顶长期保持湿润状况，再加上肥料中所含酸、碱、盐物质的腐蚀，都会对防水层造成持续的破坏；另外，花草树木的根系无孔不入，如果防水层搭接部位或材料本身有孔隙，根系即会侵入并扩展，使防水层失效。

在屋顶花园工程中，种植池、水池和游路的场地施工应遵照原排水系统进行规划设计，不应封堵、隔绝或改变原排水口和坡度；特别是大型种植池下的排水管道要与屋顶排水口配合，并注意相关的标准差，使种植池内的积水能顺畅排出。植物栽培基质下面需要很严格的防水处理，但技术措施大同小异。

防水层的处理是屋顶花园的技术关键，也是人们最为关注的问题，防水处理的成败直接影响屋顶花园的使用效果及建筑物的安全，一旦发现漏水就得部分或全部返工。如果防水材料的防水性能、防腐性能不稳定，那么屋顶花园下面的住宅是无法入住的：屋顶防水层上面有土壤和植物覆盖，如果发生渗漏，则很难发现漏点，无法根治。

排水层的作用是排去多余雨水和灌溉水分，可采用陶粒、碎石、泡沫块、蛭石、塑料粒等材料，并设置溢水孔、天沟、外出水口、排水管道等完整的排水系统，满足日常排水及暴雨时外泄的需要。过滤层的作用是防止种植基质随雨水或灌溉流失而堵塞排水管道，可用玻璃纤维、尼龙布、金属丝网、无纺布等。为减轻水分和土壤对屋顶的渗漏和腐蚀，屋顶花园可采用喷灌、滴灌等方法“细水长流”；为防止土壤水分蒸发过快，介质中还应加入高分子保水剂。

屋顶花园的植物生长环境与地面相比有较大的差异：光照时间长，昼夜温差大，空气湿度小，风力也比较大，另外栽培介质的厚层薄，含水量少，故屋顶绿化的植物种类选择和栽培基质配制就显得更为重要。

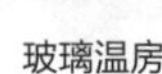

玻璃温房

露天平台

植物种类应该选择一些喜光、耐热、耐旱、耐寒、耐瘠的及抗干热风能力及辐射能力强的，最好是能适应浅薄土层的直根不甚发达的灌木和藤本植物，小乔木可适当点缀，植株高度一般不要超过3米；尽量少采用主根发达，冠浓枝密的高大乔木，深根性、钻透性强的植物不宜选用，以防其发达的根系破坏屋面防水结构。一般而言，以适应当地气候条件的乡土植物比较适宜：草坪可选用马尼拉、狗牙根等，地被可选用佛甲草、红花酢浆草、麦冬等，灌木选择有梅花、榆叶梅、石榴、月季、牡丹、黄杨等，藤本可用紫藤、凌霄、地锦、常春藤、葡萄、木香、金银花等，小乔木选用红叶李、女贞、龙柏等树冠较小的树种。

屋顶花园的栽培介质应具有自重轻、不板结、保水保肥、适宜植物生长、施工简便和经济环保等性能，一般可选用种植土、草炭、蛭石、膨胀珍珠岩和经过发酵处理的动物粪便等材料按一定比例混合配制而成，或用专业工厂生产的人造轻质土。种植层的厚度一般依据种植物的种类而定：草本15～30厘米，小灌木30～45厘米，大灌木45～60厘米；浅根性乔木60～90厘米，深根性乔木90～150厘米。

六、宅居花园的风水与营造

古今中外的宅园设计，从本质而言探讨的都是“天人关系”，深深浸透了人与自然和谐发展的精神：讲求因地制宜的原则，充分利用自然条件和生态因素；结合当地的风土人情，尽量保留景观特色和地形地貌。在哲学与美学、心理、地质、地理、生态、景观等相互渗透相互影响下，古老的东方诞生了一门独特的学问——风水学说，并与营造学、造园学共同组成了中国古代建筑理论的三大支柱。

休闲别墅场景（日）

1. 风水原本生态境

风水又称“堪舆”：“堪”是天道、高处，“舆”是地道、低处；“堪舆”指研究天道、地道之间，特别是地形高下之间的学问。古代风水学说以自然景观为研究素材，以《易经》为理论基础、指导实践：“风”是流动着的空气，“水”是大地的血脉；有风、有水的地方就有生命和生气，万物就能生长，人类就能生存。

风水学说总是要把城市、村落、住宅等生存环境的选择布建与天象结合起来，“法天象地”：人要配合天、效法天才能兴旺发达，违背天理人情、自然法则就会失败遭殃。“万物兼育而不相害，道并行而不相悖”：人和周围环境达到协和、共进、互助的关系，才能达到“天人合一”而“致中和，天地位焉，万物育焉”的境地。

风水实际上是和景观联系在一起的，是大自然的生态杰作：风水好的吉祥地总是生气勃勃、欣欣向荣，风水恶劣的蛮荒地总是满目苍凉、生存困难。风水学说的灵魂是有关“气”的理论，蕴藏“气”的地方是最理想的聚居位置选择，“山环水抱必有气”是中国风水学千百年实践的经验总结：山峦由远及近构成环绕的空间并要有流动的水系，才能达到“聚气”的目的，所以选址青睐水流弯曲又三面环绕的“金城环抱之地”就不难理解了。

千百年来，风水模式在中国大地上铸造了一件件令现代人赞叹不已的人工与自然环境和谐统一的作品，形成了中国人文景观的一大特色，并成为深入研究中国理想环境模式的重要依据，恰如李约瑟所言：“遍中国农田、居室、乡村之美不可胜收，都可以借此得以说明。”也就是说，不管风水是科学还是迷信，它都造就了一个环境，一个很舒服很秀美的环境。

大自然在恩赐给人类丰富资源、美好环境的同时，也不时有洪水、雷电、飓风、干旱、地震等灾害；古人限于当时的认知水平，把太阳辐射、气温、湿度、气流、日照等环境气候要素以直观的感受和体验去阐释：以老庄为代表的道家思想把“天”作为中心，提出“人法地，地法天，天法道，道法自然”的法则，并用其预测宇宙间的种种奥秘，反观社会人生的纷繁现象。

“风水学说”在技术及迷信的解释层次上是纷繁驳杂的，但其哲学思想和理论体系是基本一致的；单纯对古代科学进行现代解释无助于科学的发展，但从古代科学的理论思想中获得启发，甚至因此调整我们的思维方式则是非常有益的。事实说明，“风水学说”促成了中国“天人合一”哲学思想的具体化，风水理论至少可以在现代生态学及环境科学的研究方面给我们以下几个方面的启示。

1）气

生态学认为，作为生态系统功能的统一衡量指标，是系统与外界相互作用时所发生的能量交换、物质代谢、信息交流、价值增减及生物迁徙。在“风水学说”以及中医理论中，生命机体和不同层次上的生态系统功能综合地以“气”来统之：气周流于天地万物之间，集能、质、生物、信息及精神于一体，实质上是场的概念。虽然气的概念是含混不清的，无法界定，无法测量，但以气为统一功能特征的系统是可操作可控制的；中国古代医学及气功的研究成果足以使我们信服气场的神奇，西方生态学家也正试图建立生态系统功能的统一衡量指标，如“Energy”和“Transformity”等概念的突破必将导致生态学研究的变革。

2）气场

气作为综合的功能流，是无形、无嗅和不断流变的，对气本身很难直接把握。“因形察气”则通过气与形的关系，把功能的问题转化为空间结构的问题来讨论，“风水学说”的这一特点尤应引起景观生态学研究领域的重视。

“风水学说”一开始就没有把“龙”先肢解为相对均相的“部分”，然后再来研究彼此间的关系，而是在有机整体上寻找另一有机整体——穴。关于景观的空间等级分布及景观结构，生态区、地相、地系、总体景观等级划分和以斑块、走廊等为基本元素的结构研究途径，都是以相对均相的地段和生态系统为基本单位的，实质上仍是一种还原和分析的途径；而“风水学说”中的穴场是一个由山水环抱的整体空间单元，穴、山、水的关系不是一个等级分类的序列，而是一个有机构成序列。

3）气脉

“风水学说”强调气脉的连续性和完整性，以明十三陵为例：“陵西南数十里为京师西山。嘉靖十一年三月，金山、玉泉山、七冈山、红石山、香峪山皆山陵龙脉所在，毋得造坟建寺，伐石烧灰。”可见为了保全陵园的风水，明王朝恨不能把整个燕山山脉皆作为保护对象。依“风水学说”看来，十三陵所在山地属燕山之余脉，与北京西山虽有数十里之遥，却一脉相通。这种保护气脉整体性和连续性的做法，至少对地下水及生物的空间运动是十分有益的，这在自然保护区的景观规划及生态研究中是值得借鉴的。

天童寺坐落在宁波市东南太白山深处，已有1600多年的历史，为禅宗五山第二，被日本禅宗曹洞尊为祖庭。土厚水丰、植被茂密，1985年调查有种子植物112科580种，蕨类植物15科34种，现已被列为国家森林公园。

天童寺鸟瞰

在面积约20平方公里的范围内，太白山主脉蜿蜒回环围合成一山间盆地，只有西侧有一豁口与外界相联系。山脊海拔多在400～500米以上，主峰656.9米，而寺所在地海拔只有120米，相对高差约300～400米，空间围合感极强，可谓委婉自复、环抱有情，堪称形止气蓄的真龙。

据《天童寺志》载，该寺的构建受“风水说”（形象）的影响很大，其整体景观结构足以说明普遍存在于中国人心目中的理想风水模式。北京大学景观学教授俞孔坚博士以此作了具体说明：

天童寺坐北朝南，西北侧依主峰，而成后玄武之势。自主峰东西两侧分出数脉迤逦南下，环护于寺庙之两侧构成穴之护沙，其他诸支脉或环列于前，或回抱于两侧，如肘臂之环抱；为了“聚气”，在四周护山、盆地之豁口处及完全人工的曲折香道两侧广植松、竹，形成了长达2000米的长廊景观——“深径回松”和“风岗修竹”。侧脉之间的水流蜿蜒曲折尽汇于盆地之中，构建者挖内、外“万工池”绕经寺前汇入盆地，确成“玄武垂头，朱雀翔舞，青龙蜿蜒，白虎驯卧”之穴；穴前清流护绕及香道松竹设计使自然景观结构的某些缺陷得以弥合，从而更符合理想风水模式。

目前景观生态学已十分重视对廊道的研究，廊道与“气脉”既有共同之处也有较大差别，从其差别中也许能得到更多的启发：“风水学说”对气脉的曲折与起伏有着特别的偏好，无论是山脉、水流或是道路，认为只有屈曲回环、起伏超迭方有生气止蓄；曲折蜿蜒的水流形态除了有其美的韵律外，至少可以增加物质的沉积，有利于生物的生长，减少水灾的发生。但直线对物质、能量和信息的流动又是高效的，现代公路、铁路或是通信线路等都追求直线，这恰和“风水学说”所追求的意境相反，也许这正是现代城市文明在宅居景观建植中所要认真思索的。

边塞生态风情：白桦树林与碧水环绕的村庄

风水主要变量之间与五行匹配关系

五行	木	火	水	金	土
方位	东	南	中	西	北
时令	春	夏	年中	秋	冬
道德	仁	礼	智	义	信
颜色	绿	红	白	黄	黑

金木水火土，五行配五色；如果用来判断地形，五行可以配五种状态：比如说火，火配的是南方，南方属火，火是赤色；朱雀属火，朱是红色，就是阳面；比如说土，土配的是北方，北方属土，土是黑色；玄武属土，玄是黑色，就是阴面。左青龙，青龙属木，东边、春天都是青翠的；右白虎，白虎属金，西边、秋天都是金黄的。

关于风水意识和风水模式，俞孔坚提出：原始人类满意的生态环境和中国文化主要定型时期的环境结构是理想风水模式的原型，存在于中国人的内心深处和文化内核，决定了中国人的环境吉凶意识。

就山地而言，山脉为龙，《葬书》有“委婉自复，回环重复；若距而侯也，若揽而有也；欲进而却，欲止而深；来积止聚，冲阳和阴；土高水深，郁草茂林。贵若千乘，富如万金”。即山势连绵起伏、蜿蜒回环、土厚水丰、植被茂密者即为有生气之龙，而以童山（无植被之山）、断山、石山、过山（山脉僵直）和独山为没有生气的山。山与水不可分离，两山之间必有一水；山势委婉自复，水也自然源远流长。既有山环水抱、形止气蓄的真龙，其中便有真穴，并强调了“左青龙，右白虎，前朱雀，后玄武；玄武垂头，朱雀翔舞，青龙蜿蜒，白虎伏卧”。（《葬书》）的穴前清流屈曲、两侧护沙环抱的理想风水意象模式。

几千年的历史演变，使原本朴素的风水学说掺杂进许多非科学的、落后的思想和行为。时至今日，中国的风水学说一经采用现代科学理论和技术手段进行研究、去除其迷信糟粕并在实践中加以运用后，又开始被国际生态学研究者肯定。

李约瑟博士曾给予客观公正的评价：“风水在很多方面都给中国人带来了好处。比如，它要求植竹种树防风，以及强调住所附近流水的价值。”

美国著名的城市规划权威凯文·林奇在《城市意象》一书中也指出：中国风水学说“是一门专家们正在谋求发展的前途无量的学问”值得强调的是，与其理论思想相比，“风水学说”的技术体系就显得苍白无力，难以胜任理性的崇高追求，而现代科学技术在这方面也许正好可以弥补。

人类聚居与自然共存以扩展生态健全且环境优美的城市是未来的发展方向，寻求人与自然和谐共处的途径是维护城市稳定发展的建设方法；我们应在设计实践中充分理解和尊重自然伦理探索，结合本土实际的生态景观模式来谋求完美生活环境的规划和设计，以实现生境与人类社会的利益平衡和互利共生。

风水学说所信仰和追求的人与自然和谐相处的“天人合一”境地，正是现代和未来生态学所追求的目标，有的西方学者（Skinner）甚至称“风水学说”为“宇宙生态学”，并把“风水学说”定义为“通过选择合适的时间与地点，使人与大地和谐相处，取得最大利益、安宁和繁荣的艺术”。

提到风水，首先就要说到风：

中国大陆位于北回归线以北，一年四季阳光都由南方射入：太阳射线中的红外线含有大量的辐射热能，在冬季能提高室内的温度；太阳射线还能促进生物的成长和发展，适量紫外线并有杀菌作用、对人体维生素D合成也大有益处，可以增强人体免疫功能、益于身体健康。

风水讲究朝向，中国宅居设计一直遵循着“坐北朝南”的地理原则，以避对人不利的“阴风”（北风），这也顺应了中国的季风型气候特征。

古代风水学中关于水的认识，也大多符合科学道理：

宅第选择在河流凸岸的台地上，且要高于常年洪水高位之上，避免在水流湍急、河床不稳定、死水沼泽之处建房等；此外，对水源水质也详加注意。

中国园林中则主张静水：静则明，可见到水下之物、水中之鱼，水面上还有物之倒影；而水却消失了，“无”便是伟大的，所以《老子》又说“上善若水”。

草原生态与人居（新疆）

山林生态与人居（新疆）

中国古典园林是中国风水学说的集大成者，其中很多原理都与现代科技有“巧合”之处：住宅建筑前屋低、后屋高，配合“坐北朝南”进行采光，符合人们对于光照的需要。

宅居建造讲究“选清幽之所，营清幽之景” 。以封闭、围合为特征的社会模式，使得人们对自然界的适应多于征服，收集、积累多于寻找、探索，这是中华民族农耕文化时期典型的安居理念。正门的形制有严格的等级之分，其形象、规模和装饰往往透射出建筑的性质、主人的身份地位和财富情况。

门庭（园中园）

住所（水环屋）

院落（互连通）

内庭（宽敞亮）

中国古典园林中的前宅建筑群在大多数情况下都是由若干个体建筑围合成方整的院落，即所谓“合院”的布局：院落中央为露天的庭院，北方地区的较宽敞，南方的小一些，也叫作“天井”；最小的建筑群只有一进院落，大一些的为前后延展的多进院落，更大的则再向左右两侧延展而成为多进、多跨的格局，这就是中国建筑典型的群体布局模式。

一个建筑群，无论院落多寡都用墙垣围合起来而与外界呈相对隔离的封闭状态，它所表现的封闭观念正是封建血缘家庭作为一个相对独立的政治、经济实体的形象反映，也完全适应于家庭聚居时日常生活和安全防卫的功能需要。按此理想模式建立的封闭的文人园林，隐藏在高高围墙深宅大院之内；尽管园林之内的围墙留有花格窗，相互有“透景”、“漏景”，然而临街的围墙是完全封闭隔离的。

风水学说对于宅居中的树种选择也甚为讲究，如《相宅经纂》主张宅周植树应“东种桃柳（益马），西种栀榆，南种梅枣（益牛），北种李杏”。而“青松郁郁竹漪漪，色光容容好住基”，则既有利于环境景观的营造，又满足了改善宅居小气候环境的要求。

在风水学说中，植物还被用作趋吉化煞的材料，并被赋予多种吉祥含义：

“栽得梧桐树，引得凤凰来”一直是中国百姓的良好祈愿，（宋）司马光《梧桐》：“紫极宫廷阔，扶疏四五栽。初闻一叶落，知是九秋来。实满风前地，根添雨后苔。群仙傥来会，灵凤必徘徊。”

槐树开花季节正值古代科举开考，庭院种槐以祈“高中有禄”。古代诗人对此多有吟咏，如：（北宋）黄庭坚《次韵解文将》：“槐催举子著花黄，来食邯郸道上梁。”（南宋）范成大《送刘唐卿》：“槐黄灯火困豪英，此去书窗得此生。”

“橘”与“吉”谐音，南方庭院栽橘以象征“开门大吉”；榆树种子被称为“榆钱”，北方庭前种榆寓意“年年有余”。

梅花的五枚花瓣被认为是五个吉祥神，于是有了“梅开五福”。梅的独特风姿、神韵，自宋代以来借之自喻者众多：黄庭坚以“金蓓锁春寒，恼人香未展，虽无桃李颜，风味极不浅”道出怀才不遇之恼；陈与义却以“一花香十里，更值满枝开。承恩不在貌，谁敢斗香来”表达春风得意之喜。

中华文化源远流长、博大精深，家居宅院中的花木题材与传统宗教习俗等的多方位关联，更是广泛深入、不断升华，形成一种特殊的花文化体系，激起人们无限的创作灵感，如松之刚劲、牡丹富贵、竹子虚心、榴花热情，长久以来受人赞赏，联想浮翩，几入化境，成为家居宅院植物景观建植中的一朵艳丽奇葩。

松、竹、梅合称“岁寒三友”，迎春、腊梅、水仙、山茶冠以“雪中四杰”，玉兰、海棠、牡丹、桂花合喻“玉堂富贵”，在中华文化的民间习俗中至今仍作为祈祷吉祥、预兆安康的良好祝愿。此外，红豆——相思，桑梓——故乡等象征意义已早为人们所熟知，并在家居宅院的景观建植中得以广泛运用。

梧槐共植佑子孙

香橼果金招财源

海棠聚庭喻兴盛

繁衍生息桃花源

2. 模式理念觅原型

中国古人限于当时的科学认识水平，把建筑环境气候的太阳辐射、气温、湿度、气流、日照等诸要素以直观的感受和体验，作为中国古代建筑活动的指导原则和实用操作技术，风水学与营造学、造园学共同组成了中国古代建筑理论的三大支柱，表达出人们繁衍生息、安居乐业的愿望。

综观中国古典宅居花园，崇尚自然、乐在其中的意境，是其最高境界的追求；如陶渊明所代表的田园意境，反映了古代文人雅士追求清淡隐逸生活的向往，成功地将“自然”提升为一种至美的境地，将老庄所表达的玄理改为日常生活中的哲理，使诗歌与日常生活相结合并开创了田园诗的新题材。

《桃花源记》描述的就是秉承中国风水学理论的理想居住环境：“晋太元中，武陵人捕鱼为业，缘溪行，忘路之远近。忽逢桃花林，夹岸数百步，中无杂树，芳草鲜美，落英缤纷，渔人甚异之。复前行，欲穷其林。林尽水源，便得一山，山有小口，仿佛若有光，便舍船从口入。初极狭，才通人，复行数十步，豁然开朗。土地平旷，屋舍俨然，有良田美池桑竹之属。阡陌交通，鸡犬相闻。其中往来种作，男女衣着，悉如外人。黄发垂髫，并怡然自乐。”

以儒家和道家为代表的中国传统哲学都讲究阴阳相生、虚实相辅、有无相成的辩证之道，任何事物既呈现为“有”的实体，同时也包含着“无”的虚体，而因后者往往更能体现事物的本质，故其重要性更甚于前者。

怡然自乐田园诗

清淡隐逸安居乐

中国园林艺术非常重视有无、虚实的关系：为了增加建筑群内部的生活气氛，淡化其严谨格律，庭院内往往进行适当的绿化和园林化的处理，把虚、实的关系转化为人工氛围与自然环境的相互补充，使得两者交融而协调在一个整体之中。

（唐）代王昌龄《诗格》，说诗有三境：一曰物境，二曰情境，三曰意境。

中国古典园林讲究诗为意境：一方面，园林把丰富的审美信息传递给诗人，诗人则凭借修养有素的内心去感受，从而萌发诗兴、孕育灵感，即所谓“文章籍山水而发”；另一方面，园林又需要诗文来加以点染、生发、颂扬，使人们能更好地发现其美、其趣，所以说“山水亦自爱文章”。

诗的意境，在中国传统园林中更显其艺术精华。

苏州拙政园中部的“远香堂”面水而筑，堂北的宽阔平台连接荷花池，水中遍植荷花，故根据宋代周敦颐《爱莲说》中的“香远益清”句意，以为堂名，园主借花自喻，表达了高尚的情操。池水旷朗清澈，四周透明玲珑的玻璃落地长窗，各具情趣，堂南小池假山，竹木扶疏、重峦叠翠，山光水影尽收眼底。夏日池中荷叶田田，荷风扑面、清香远送，是赏荷的绝佳去处。

园林艺术的叠山之于山水画，关系密切。假山是一种艺术，其意境应当是山。苏州留园中五峰仙馆之名出自庐山之五老峰，意境非凡：馆前小院中立五石以应之，并取李白诗句“庐山东南五老峰，青天削出金芙蓉”。

石林小院有奇峰，揖峰轩也取庐山之意境，南宋朱熹《游百丈山记》有“前揖庐山，一峰独秀”。

边陲村舍（新疆）

山林小筑（新疆）

远香堂（拙政园）

五锋仙馆（留园）

古朴典雅

扇庭灵巧
花台别致
花泉小巧
水院精致

江南宅园，利用独特的造园艺术，在有限的空间范围内将湖光山色与亭台楼阁巧妙结合，把生意盎然的自然美和创造性的艺术美融为一体。

鸡爪槭

睡莲

羽毛枫，芭蕉

红枫，芭蕉

黑松，迎春

3. 古典宅园集大成

（1）造园之始，意在笔先

意，可视为意志、意念或意境，由画论移植而来。

意境指情景交融、意念升华的艺术境界，表现了意因境存、境由意活这样一个辩证关系，它强调在造园之前必不可少的创意构思、指导思想、造园意图，《园冶·兴造论》所谓“三分匠，七分主”之说，精辟地阐述了设计主持人的决定性作用：皇家园林必以皇恩浩荡、至高无上为主要意图，寺观园林当以超脱凡尘、普度众生为宗，私家园林有的想耀祖光宗，有的想拙政清野，有的想升华超脱。

颐和园是目前世界上建筑规模最大，保存最完整，文化艺术价值最高的一座皇家园林：主要由万寿山和昆明湖组成，占地290公顷，其中水面占全园的3／4。1998年被联合国教科文组织列入《世界遗产名录》：苍翠如黛的万寿山,碧波涟漪的昆明湖，辉煌壮观的建筑群，按造园林艺术栽种的各种植物，以及周边借景的巧妙应用，人工美与自然美的浑然天成，向人们展示了一幅精妙绝伦的具有中国鲜明文化特色的山水画卷。

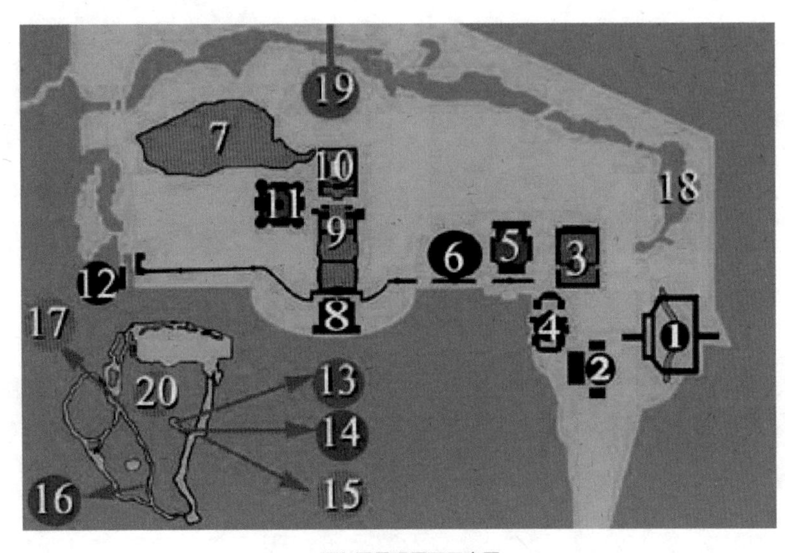

颐和园景观平面示意图

1-东宫门；2-仁寿殿；3-德和园大戏楼；4-玉澜堂；5-乐寿堂；6-长廊；7-万寿山；8-排云殿；9-四大部洲；10-佛香阁；11-宝云阁；12-石舫；13-南湖岛；14-十七孔桥；15-镇水铜牛；16-昆明湖西堤；17-玉带桥；18-谐趣园；19-苏州街；20-昆明湖

颐和园的布局和谐、浑然一体，而依靠后湖使万寿山形成三面环水格局的后湖景区，将防火功能与园林设计巧妙地相结合。

在高60m的万寿山前山的中央，纵向自低而高排列着云辉玉宇坊、排云门、排云殿、德辉殿、佛香阁、智慧海等一组建筑，依山而立，步步高升，气派宏伟。以高大的佛香阁为主体，构成一条明显的中轴线；顺山势而下，又有假山隧洞可以上下穿行。

占全园总面积3／4的昆明湖，湖水清澈碧绿，景色宜人。沿湖北岸横向而建的长廊，长728米、共273间，像一条彩带横跨于万寿山前，连接着东面前山建筑群。

南部烟波浩渺的前湖区，西望群山起伏，北望楼阁成群：湖岸建有廓如亭、知春亭、凤凰墩等秀美建筑，其中位于湖西北岸的清晏舫（石舫），中西合璧、精巧华丽，是园中著名的水上建筑；湖中西堤，堤上桃柳成行，6座不同形式的拱桥掩映其中。在广阔的湖面上，有三个小岛宝石般点缀；十七孔桥造型优美，横卧湖上如一架彩虹，既是通往湖中的道路，又是一处叫人过目不忘的景点。

后山、后湖，其设计格局则与宏伟、壮丽的前山迥然而异：林茂竹青、景色幽雅，到处是松林曲径、小桥流水；山脚下的苏州河曲折蜿蜒，颇具江南特色。岸边的树丛中建有多宝琉璃塔，后山的仿西藏佛教建筑——香岩宗印之阁造型奇特。

（2）相地合宜，构园得体

凡造园，必按地形、地势、地貌的实际情况，考虑园林的性质、规模，构思其艺术特征和园景结构。《园冶·相地篇》说得好：无论方向及高低，只要“涉门成趣”即可“得景随形”；认为“园地唯山林最胜”，而在城市则“必向幽偏可筑”，旷野地带应“依呼平岗曲坞，叠陇乔林”。

园林布局首先要进行地形及竖向控制，只有合乎地形骨架的规律，才有构思得体的可能；如何构园得体，《园冶》有“约十亩之地，须开池者三……余七分之地，为垒土得四”的精辟论述。这种水、陆、山的用地比例，虽不可定格，但极有参考价值。

拙政园是水的天地，王献臣建园之期，曾请文征明为其设计蓝图，形成以水为主，疏朗平淡，近乎自然风景的园林风格：水面上覆盖了风格迥异的楼阁亭榭，大小不等的汀、渚、洲把水分隔成各自独立的世界和洞天，其互不搅扰又有河、溪相贯，勾连成一个分割不开的整体。据《王氏拙政园记》和《归田园居记》载：园地“居多隙地，有积水亘其中，稍加浚治，环以林木”，“地可池则池之，取土于池，积而成高，可山则山之。池之上，山之间可屋则屋之”。充分反映出利用园地多积水的优势，疏浚为池，望若湖泊，形成荡漾渺弥的个性和特色。

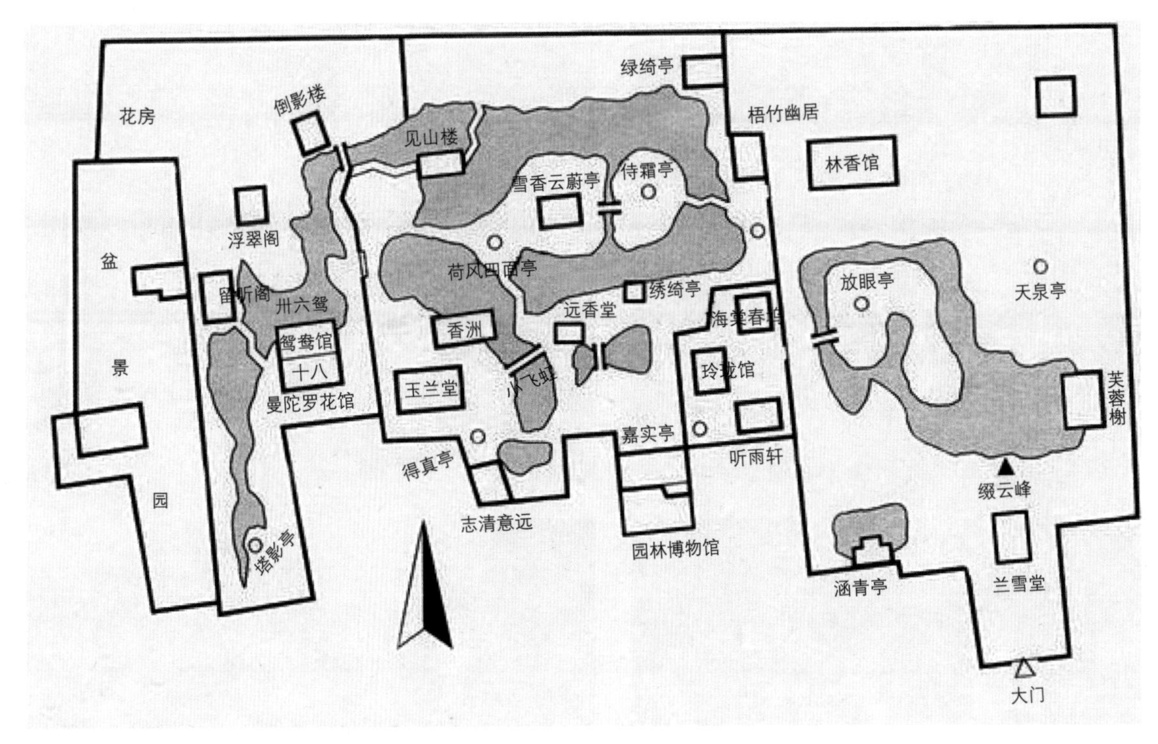

拙政园平面示意图

拙政园中部现有水面近6亩，约占园林面积的1／3，“凡诸亭槛台榭，皆因水为面势”，用大面积水面造成园林空间的开朗气氛，基本上保持了明代“池广林茂”的特点：有澎湃浩荡之阔，有潺潺入阴之幽；有戏鱼逗虾之柔，有拍石惊雀之怒；有龙潜深潭之静，有追风逐雨之闹。神秘莫测的气象、千变万幻的风姿、无法穷尽的神韵，均在园中获得了充分展示。

水庭之东还有一组庭园，即枇杷园，由海棠春坞、听雨轩、嘉实亭三组院落组合而成，主要建筑为玲珑馆。在园林山水和住宅之间，穿插的这两组庭院，较好地解决了住宅与园林之间的过渡。这种园中园的庭院组合以及空间的分割渗透、对比衬托，空间的隐显结合、虚实相间，空间的蜿蜒曲折、藏露掩映，空间的欲放先收、先抑后扬等手法，其目的是要突破空间的局限，在不大的空间范围内营造出自然山水的无限风光。

亭台回廊

栽花取势

叠石成山

馆舍厅堂

无锡寄畅园

（3）胸有丘壑，统筹全局

绘画要有深思的平面布局，造园要有完善的空间布局；中国古典造园是移天缩地的艺术创造，而不是造园诸要素的随意堆砌。

沈复《浮生六记》曰：“若夫图亭楼阁，套室回廊，叠石成山，栽花取势，又在大中见小，小中见大，虚中有实，实中有虚，或藏或露，或浅或深，不仅在周围曲折有致，又不在地广石多徒烦一费。”这就是统筹布局的构思。

《园冶》云：“凡园圃立基，定厅堂为主。先乎取景，好在朝南，倘有乔木数株，仅就中庭一二。筑垣须广，空地多存，任意为持，听从摆布。择成馆舍，余构亭台。格式随宜，栽培得致。”更明确指出布局要有构图中心，构思要有空间余地，建筑、栽植等设施才能做到格调灵活、各得其所，营造出“四面有山皆入画，高低主次确有别”的深厚园林意境。

（4）文景相依，诗情画意

“文因景成，景借文传”，文景相依才更有勃发生机，情景交融方更显诗情画意。中国园林艺术之所以深入人心、流芳百世，贯穿古今、经久不衰，一是有符合自然规律的造园手法，二是有符合人文情意的诗画文学。

当园林美通过人的各种感观凝练综合之后，会升华到对美的认知与理解阶段，这时的美只存在于个人的感受之中，属于审美意识。这种意识要传达给他人并引起共鸣，则须借助文学、绘画等手段；而文学在其中所承担的任务，除客观地描述记载外还留下了更为广阔的艺术想象空间，同时也为后来人“依文造型”提供了可能。

家居宅院的设计艺术不仅是功能的反映，而且是人们对自然精神的理解，正是这样一种反映着自然无常变化和世界万物相辅相成的道家哲学思想，指导着中国古典园林的设计原则。

以景造名、借名发挥的做法，感染、激发人浮想联翩，楹联和匾额是诗文与造园艺术最直接结合的主要手段：文字点出了景观的精粹所在，使得园内的大多数景象得以“寓情于景”；作者的借景抒情也感染、激发游人浮想联翩，使得园内的大多数景象皆可“即景生情”。

扬州园林小景

花坛假山

（5）因地制宜，随势生机

相地虽可取得合适的构园选址，但要想创造多种景观的协调关系，还要靠因地制宜、随势生机和随机应变的手法，进行合理布局。

中国园林的设计，深深浸透了人与自然和谐发展的精神。它们讲求因地制宜的原则，充分利用有利的自然条件和生态因素，适当保留有景观特色的自然地形地貌，结合当地的风土人情，使东、西、南、北、中的园林景观各具特色，美不胜收。

《园冶》中多处提到“景到随机”、“得景随形”等原则，就是要根据环境形势的具体情况，因山就势、因高就低、因地制宜地创造园林景观，即所谓“高方欲就亭台，低凹可开池沼，卜筑贵从水面，立基先究源头，疏源之去由，察水之来历”。这样才能达到“景以境出”的效果。

古典园林中山、水、植物和建筑是主要的构景要素，对景观设计的美学判断，在很大程度上取决于这些要素的组合方式和他们在特定环境的意义，而不是其数量的多少。

溪流灵动

山石厚重

园林设计师通过对场所的认识，在对人工环境与自然环境关系考虑的基础上，把人工山水、建筑按人的活动为逻辑依据安排其空间秩序。通过展现园林合理的功能，宜人的比例，恰当的布局，独具匠心的构思，以及准确地用色和用材等设计手法，就可以达到“道法自然”的境界。

例如，山石成为人与自然沟通的桥梁，使园林完美地从有秩序的建筑空间向自由的自然空间转变。

山石作为一种立体的构景要素，如同从地下生长出来一般起到向上引导视线的作用，作为屏障，可以丰富园林中光影的变化和视觉效果；同时又起到分离空间的作用，无论放置在厅前、窗下、水边，都能起到人工环境和自然环境在空间上的联系。

从抽象和象征意义上讲，山石在特定的园林时空里能够表现丰富的情感：扬州个园“春山淡冶而如笑，夏山苍翠而如滴，秋山明净而如妆，冬山惨淡而如睡”，成功地完成了从人到地，从地到天的过渡，从而达到天、地、人的和谐统一。

（6）小中见大，咫尺山林

利用形式美法则中的对比手法，调动景观诸要素之间的关系，通过对比和反衬，造成错觉或联想，达到以小寓大、以少胜多等扩大空间感的目的，形成咫尺山林的艺术效果。

“山立宾主，水注往来”，山峦云涌、峭崖深谷、林木丛翠之典型佳作的创造，是模拟与缩写自然的传统模式；而池仿西湖之浩渺，岛作蓬莱、方丈、瀛洲之神韵，虽咫尺之境，却引人抒发虽在小天地置身大自然的艺术感慨。如山水布局，要求“山要环抱，水要萦回”，堆石为山、立石为峰，凿水为池、垒土为岛，都是创造咫尺山林、小中见大的主要手法。

2006年，由国际建筑大师贝聿铭担纲设计的苏州博物馆新馆，“不高不大不突出”；在造景设计上摆脱了传统的风景园林设计思路，既不同于苏州传统园林，又不脱离中国人文气息和神韵，以独特性、唯一性深深打上贝聿铭烙印：“中而新，苏而新，不因循，不割裂。”

苏州博物馆新馆保持了江南传统建筑的粉墙黛瓦色调，透过门、窗、隔断，以竹为装点，鳞次秀竹摇曳风中，不觉让人怀想“莫听穿林打叶声，何妨吟啸且徐行”；竹林透出的一抹抹沁人的绿色跃然于灰色基调的建筑群中，与天蓝水清的背景融为一体，好似一卷山水泼墨画。深灰色的石材勾勒出屋面和墙体的轮廓，将白色墙面统一其中，开放式的钢结构代替了苏州传统建筑的木结构材料，带给建筑以简洁和明快。

一座在古典园林元素基础上精心打造出的创意山水园，庭院由铺满鹅卵石的池塘、片石假山、直曲小桥、八角凉亭、竹林等组成，松下影壁、鱼上水阶，地下清池、光影摇曳。水景始于北墙西北角，独创的片石假山“以壁为纸，以石为绘”，别具一格的山水景观呈现出清晰的轮廓和剪影效果，在朦胧的江南烟雨笼罩中，连绵不绝的水墨意境跃然而出，将山水画加以立体呈现。

限制与突破、建筑与自然，东方与西方、传统与现代，空间与光影、材料与技术，是贝聿铭一直孜孜不倦研究的课题；苏州博物馆新馆的设计与建造，最终用和谐获得成功。

咫尺山林，小中见大

以壁为纸，以石为绘

八角凉亭，清池竹林

（7）虽由人作，宛自天开

中国园林，无论是寺观园林、皇家园林或私家庭园，造园者顺应自然、利用自然和仿效自然的主导思想始终不弃；用现代语言阐述，就是遵循客观规律，符合自然秩序，撷取天然精华，造园顺理成章。

巧夺天工

道法自然

枕流厚实

花溪灵秀

山、水、植物和建筑等主要的构景要素，在很大程度上取决于这些要素的组合方式和在特定环境的意义，而不是其数量的多少。利用山石流水营造仿效自然佳境的溪涧景观，展示水景空间的迂回曲折和开合收放的韵律，是中国园林艺术中孜孜以求的上乘境界，不乏精品佳作传世。纵览造园范例，无不顺天然之理，应自然之规，“巧夺天工”的造园艺术和建园技巧令全世界为之倾倒。

《园冶》中论造山：“未山先麓，自然地势之嶙嶒。构土成岗，不在石形之巧拙”，“欲知堆土之奥妙，还拟理石之精微。山要意味深求，花木情趣易逗。有真为假，做假成真”。又如理水，事先要“疏源之去由，察水之来历”，“山脉之通，按其水径。水道之达，理其山形”。园林设计师通过对场所的认识，把山水、建筑按人的活动为逻辑依据安排其空间秩序，通过独具匠心的构思以及准确地用色和用材等设计手法，以达到“道法自然”的境界。

无锡梅园的“花溪枕流”，就是利用跌水引流造景的典型范例，“突出石口，泛漫而下，才如瀑布”。

（8）巧于因借，精在体宜

作为一种理论概念的提出，借景始见于明末著名造园家计成《园冶》："园巧于因借，精在体宜，借者园虽别内外，得景则无拘远近，晴峦耸秀，绀宇凌空；极目所至，俗则屏之，嘉则收之。""因"者，是就地审视的意思；"借"者，则景不限宅院内外。

"得景随形"，"借景有因"：园林相地既然是一个有限的空间利用，就免不了有其局限性，只有深得造园艺术秘笈的大家，才能不就范于现有空间的局限，采取巧妙的"因借"手法，给有限的园林空间插上无限风光的翅膀。

如无锡的古典私家宅园：寄畅园是依山造园，远借锡山塔，别具之妙；蠡园则是依水建园，近借太湖水，天光云影。

中国古典园林中借景的方法大体有：开辟赏景透视通道，对相关障碍物进行整理或去除；提升视景位置高度，使视景线突破园林的界限；凭借虚景折射成像，上借天光，下借地物。此外，"无心画"、"尺户窗"的内借外、此借彼，秋借红叶、冬借残雪的借声借色，镜借背景、墙借疏影的借情借意，无不是放眼环宇、博大胸怀的表现。

依山借景（无锡寄畅园）

面湖借景（无锡蠡园）

复道回廊　花窗透景——扬州何园

宅石山房　窗境映景——扬州何园

（9）欲露先藏，欲扬先抑

东方园林艺术表达的审美心理与规律，多在造园中采用欲露先藏、欲扬先抑的艺术手法，带来“山重水复疑无路，柳暗花明又一村”的无穷情趣：运用影壁、假山、水景等作为屏障，利用树丛配置作隔景，利用地形变化来组织空间的渐进发展，利用道路系统来引见园林景物的依次出现，利用实院虚墙的隔而不断创造园中园、景中景的效果等，在无形中增加了空间层次，达到曲径通幽的意境。

峰回路转

隔廊曲折

隔墙奇幻

曲径通幽

障景为园林中能抑制视线及转换方向的屏障景物，常利用照壁、屏风、假山、树丛、竹林等来实现，一般出现在宅居花园中相对独立分区的入口处。古代大户的前宅入口多用照壁、屏风为障，而曹雪芹《红楼梦》大观园以及苏州拙政园的入园设计却是用假山。

隔景常利用墙、廊等建筑小品以及树篱植物等来实现，可使各空间有独立的景观却又互不干扰，意在形成“园中有园，景中有景”的特殊视觉效果：园景虚虚实实，景色丰富多彩。

隔景分实隔和虚隔两种：实隔的目的与障景相似，多利用实墙、密廊、假山等阻挡视线。虚隔不仅丰富景观的层次，而且造成隐约显现但难窥全貌、近在咫尺但不可及的意境，多用漏窗、畅廊以及扶疏的植物。

(10)起结开合，景随步移

如果说，欲扬先抑带来层次感，起结开合则给以韵律感。写文章或绘画，有起有结、有开有合，有放有收、有疏有密，有轻有重、有虚有实；节奏与韵律表现在园林艺术上，就是创造大小不同、类型有别的空间分隔，通过人在行进中的视点、视线、视距、视野、视角等不断变化来产生审美心理的变迁，通过移步换景的处理去增加引人入胜的魅力。

在中国古典园林中，设计建造完全是树无行次、石无定位的自然布局：没有规整的行道树，没有绿篱，没有花坛，没有修剪的草坪，树木花卉的种植依照大自然原始植被分布方式，三五成丛、自由散聚，野趣横生、景色苍润；山有宾主朝揖之势，水有迂回萦绕之情，完全是一派峰回路转、水流花开的自然风光。甚至建筑物本身，在园林中也是按山水总体风骨走势，高低曲折、参差错落，量体裁衣、烘云托月，点染着自然山水的艺术情趣。

家居宅园是一个有限的欣赏空间，要善于在流动中造景，比如园区的大小分配，节点的聚散疏密，水体的回转收放，园路的曲折宽窄，植物的郁闭稀疏，建筑的虚实高低等这种多元的开合变化，必然会给您带来心理起伏的律动感，取得景随步移、移步换景的艺术表现效果，进入园林艺术欣赏的内核深处。

参差错落

景随步移

起结开合

回廊曲折

春江水暖鸭先知

4. 现代人居和谐赢

人类生存一时一刻也不能脱离周围的环境：地理环境在地表分布上具有不平衡性，客观上存在着相对而言较舒适并给人们的生活带来方便、幸运和吉祥、幸福的环境，也有相对而言比较险恶、危险而给人们生活带来不便、困苦和不吉利的环境。

人类本能地要选择、建设、创造自己周围美好的环境：选择和建造适合于人们生活的美丽、祥和、吉利的环境空间，置身于其中生活、生产、工作均有方便、舒适、安全之感；美丽而富于特色的环境景观，还会使人们的心灵受到感染与鼓舞，充满乐观向上的情绪与崇高的理想，以此为精神向导来促进事业的成功并带来光明的前途。

新疆特克斯八卦城最早出现在南宋时期，是一座“天地交而万物通，上下交而万物同”的城市，是现今世界上唯一保存良好、卦爻完整、规模最大的八卦城：以中心广场为太极“阴阳”两仪，按八卦方位以相等距离、相同角度如射线般向外伸出八条主街，由中心向外依次共有四条环路，形成六十四条街，充分地反映了六十四卦三百八十六爻的易经数理。

中华民族崇尚自然、热爱山水的传统风尚，使得宅居园林具有师法自然的艺术特征；孔子“仁者乐山，智者乐水”的比德观，又使园林艺术带有“天人合一”的哲学思想。

中国古典园林作为中国人生活环境中最美的部分、作为整个国家文明和品质的象征，是具有生命的文化遗产。中国园林的表现形式虽有南北流派、东西风格之别，但造园法则却一脉相承流传至今。故对我们来说，传统的哲学思想在今天也还影响着社会的方方面面。但在现代化建设快速发展的今天，因受世俗风气的影响已经发生了改变，若缺少传统哲学思想的考虑，就会失去灵魂、失去根。

哲学家马克思说过：“你想得到艺术的享受，你本身就必须是一个有艺术修养的人。”只有不断增强对造园艺术精髓的了解，不断培养丰富的艺术鉴赏能力，才会有自然健康的感情抒发出来，获得造园的乐趣。

特克斯八卦城道教（新疆）

临安乡村居仙境（浙江）

2000多年前的古希腊哲学家亚里士多德启迪我们："人们来到城市是为了生活，人们居住在城市是为了生活得更好"，中国2010年上海世界博览会的主题——"城市，让生活更美好"，是破解当今中国城市化难题的一次全球碰撞，也体现了以人为本的科学发展观。

群贤毕至

寻根问祖

世博会展示的不仅是城市发展的理念，而且是城市发展的实践。“城市，让生活更美好”，既是上海世博会的主题，也是21世纪人类必须解决的一个重要课题，呼唤着人与人的和谐、人与自然的和谐以及人与社会历史的和谐。

新加坡馆占地3000平方米，主题“城市交响曲”的灵感，源自于各种特色元素的相互融合与平衡：城市发展与可持续性，城市化与环境绿化，传统与现代，以及多元民族交融。

日景雅洁

夜景靓丽

水景灵动

花境美艳

外墙开缝设计和围绕一楼中心区域的冷水池，能有效地调节馆内温度，从而避免大量能耗；整座建筑大量采用可回收利用的建筑材料，充分体现了环保节能设计的亮点。

当夜幕降临，缤纷夺目的光影从建筑立面上参差错落的窗户与外墙开缝散射出来，全方位的感官享受为这座灵动的“音乐盒”增添更多迷人魅力。

展馆有效整合了音乐喷泉、视听效果互动以及屋顶花园的特色花卉景观等多种设计元素，形成一首完美的协奏曲，表达出城市交响曲的主题以及新加坡独有的韵律与节奏。

景观设计的两大元素——水与花园，代表着新加坡在可持续发展的过程中妥善地处理了这两大环境元素，并取得了平衡。

园外广场上的喷泉，是“城市交响曲”的序曲，在葱郁的草木掩映之下，音乐喷泉随着水柱的聚散起落奏出美妙旋律。展馆顶部闻名遐迩的花园景观，特别设计了神秘的花卉植物，以体验在一个花园城市中生活的真实与美好。

“城市最佳实践区”是首次出现在世博会历史上的名词，在以国家为参展主体的世博会上引入一个全新的参与者——城市，把已经领先一步的优秀实践方案和实物展示出来，引领未来时代的城市建设与管理。

参加“城市最佳实践区”竞赛的是来自全世界87个国家的113个城市，经过专家们3个多小时的投票筛选，15个实物建设案例和40个展馆展示案例脱颖而出，其中包括巴西圣保罗市的“清洁城市法案”，美国芝加哥市的“可持续城市，未来城市”，沙特阿拉伯麦加的“帐篷城”，中国苏州古城的保护与更新等。

从德国“汉堡之家”到上海的“沪上生态家”，从马德里的“公共廉租屋的创新试验”到伦敦的“零耗能住宅项目”，更是集中展示了全球具有代表性的城市为提高生活质量所进行的各种具有创新意义和示范价值的最佳实践。

成都活水公园案例，取鱼水难分的象征意义，将鱼形剖面图融入总体造型，喻示人类、水与自然地依存关系，将城市发展过程中的生活污水处理诠释得如诗如画。

坐落于成都市区的活水公园，是世界上第一座以水为主题的城市生态环境公园。集水环境、水净化、水教育于一体，包括人工湿地生物净水系统，模拟自然森林群落，环境教育中心等设施，向人们演示了被污染的水由“浊”变“清”，由“死”变“活”的过程；在植物配置、景观处理和造园材料选择上妙趣天成，蕴含了丰富的文化、艺术和生态意义。

江南民居（苏州案例馆）

活水公园（成都案例馆）

活水公园（成都）

活水公园（成都）

作为上海世博会创新亮点和主题呈现的重要载体之一，城市最佳实践区集中展现了全球有代表性城市为提高生活质量所进行的各种具有创新意义和示范价值的案例，从宜居家园，可持续的城市化，建成环境的科技创新等方面，提前领略未来城市的美好生活。

“沪上・生态家”，一幢以灰、青、白为主色调的四层小楼，依托“生态核”结构空间网架形成一个从底部一直贯穿到顶部的有机生态系统：底部的景观水池兼有集雨功能，其上设计有生态浮床。

效果图

夜景

垂直绿化

生态浮床

以自然生态的方式调节室内环境，是一座会呼吸的房子：在完全生态的环境中，一年能减少使用空调2～3个月，综合能耗仅为普通建筑的1/4，充分体现了可持续发展的原则。

南立面外墙特别为绿化预留了种植空间，柱壁模块容易拆卸更换；西立面种植有攀缘植物，中间楼梯悬挂着可以吸附有害气体的植物。屋顶的功能性花园里栽种着郁郁葱葱的花草，屋面的雨水汇入底部的景观水池，再经生态浮床的水面植物过滤、净化。

华东设计院建筑创作所长、项目责人解释：

作为生态建筑的试验地，大楼总共采用了6成再生建材，集中了10项生态技术，一些设备还可以进行远程控制，与国内同类建筑相比大约超前了5～10年。

设计不仅仅是为了漂亮，在提升建筑隔热保温性能、减少空调使用方面的效果也非常显著。

各绿化模块中设计了智能化控制的滴灌装置，可以根据植物所需的水量进行灌溉，最大限度地节约了水资源。

以宁波奉化滕头村为蓝本的滕头馆是唯一入选的乡村案例，用“新乡土、新生活”的理念，从“天籁地籁”、“天动地动”、“天和人和”三个板块，充分反映了城乡和谐发展的生动实践：屋顶长树、屋边绕竹、园中种稻，城市化的现代乡村，乡村中的生态城市，梦想中的宜居家园。

一座上下两层、古色古香的江南民居，屋顶种上几十株数米高的大树，集中展现了“生态归朴屋”的景象；入口沿坡而上，曲折迂回的坡道上空设有12个高科技的音罩，置身其间可以聆听到春天嫩芽破土而出的声音，夏天惊雷后的雨声，深秋风吹落叶的沙沙作响声和冬日暖阳下冰雪消融的滴答声……如此二十四节气的“天籁之音”，尽可体验到四季更替的美妙。屋顶的试验田、绿荫如瀑的花卉景观以及花草丛中飞舞的彩蝶，在与生态自然的亲密接触中，感受体验乡土生活的淳朴美好。

采用浙东建筑文化中的传统工艺“瓦片墙”，呈现出水乡民宅特有的古朴色彩——灰白黑交织：元宝砖、龙骨砖、屋脊砖等50多万块百年废瓦残片“生态复活”，吸引了全球同行关注。

展馆内墙凸显竹片纹理，仿佛是排排并列的圆竹从中剖开后固化在了墙上：竖条毛竹模板清水混凝土剪力墙，工艺关键是竹片模板的制作，只有宁波工匠才会做。

上海世博会结束后，滕头馆作为镇村之宝，回置长久保存。

屋顶植树

园中种稻

古瓦片墙

天籁之音

据上海世博局城市最佳实践区部部长孙联生介绍，相关展示成果引起各省区市官员和建筑专家等专业团队的兴趣，目前已有上海、天津、唐山等多个城市与实践区中的案例城市签订了合作意向，将有多个实践区的案例在中国得到“复制”。

加拿大蒙特利尔与上海市签署了一份最新的友好合作备忘录，将在今后三年内共同关注环境和公共卫生两个话题；上海市住房保障局房屋管理局准备与马德里市政规划及住房部签署“马德里－上海保障合作框架协议”，开展关于保障性住房建设、资源节约型住宅工作方面的合作。

唐山市与著名的瑞典马尔默签署了一份建设可持续发展城市的合作意向协议，马尔默是国际公认的可持续性城市发展的成功典范，一座强调可持续性发展的环保城市，并建造了瑞典首个“零排放”社区。

尽管生态、低碳、环保理念的体现可以有各种形式，但绿色植物是生态的核心，是可以持续发展的城市必须大力倡导的内容，更是未来美好生活不可或缺的元素。

美国馆的《花园》影片中，一个富有想象力的小女孩用热情和决心鼓舞了所有的邻居，携手把社区一个杂乱无章的街角改造成缤纷绚丽的花园；当人们询问现身场馆的影片小主人公对于未来美好生活的梦想时，回答是“把那幅花园的设计图变为现实”。小女孩关于花园的梦想，反映的正是人们对未来城市生活的向往，而宅居花园却又是编织这个美丽梦想的点点滴滴。

马德里馆竹屋

阿尔萨斯馆生态墙

新加坡馆生态基质

绚丽的上海新居花园

附 录

1. 园林植物的气候生态型分布及主要城市和气候指标

气候带类别	纬度分布区（N）	代表城市		季节特征						
				年均温（℃）	最冷月均温（℃）	绝对最低温（℃）	最热月均温（℃）	年降水量（毫米）	无霜期（天）	季候
寒温带	46°～52°	爱辉、呼玛、根河		-2～-5	-28～-38	-50	16～21	350～550	80～100	长冬（9个月）无夏，降水集中于7～8月
温带	42°～46°	哈尔滨、伊春、珲春、虎林、铙河		2～8	-10～-25	-40	21～24	500～800～1000	100～180	长冬短夏，降水集中于6～8月
暖温带	32°～42°	沈阳、丹东、大连、北京、天津、青岛、济南、郑州、开封、西安、太原、天水、蚌埠、盐城		9～14	-2.0～-13.8	-30～-20	24～28	500～900	180～240	有四季之分，雨期集在5～9月
北亚热带	31°～32°	南京、信阳、汉中		13～18	2.2～4.8	-20	28～29	800～1200	240～260	气候湿润，四季分明
中亚热带	25°～31°	中亚东部	上海、杭州、武汉、长沙、南昌、贵阳、重庆、成都	16～21	5～12	-17	28～30	1000～1200	270～300	气候温暖，四季分明
		中亚西部	昆明、西昌	15～16	9左右	-4	20左右	900～1100	250	年温差较小，干湿季分明
南亚热带	24°～25°	台北、台中、厦门、广州、汕头、福州		20～22	12～14	-2	28～29	1500～2000	320	热带季风气候较明显，有明显的干湿季之分
热带	24°以南	湛江、龙州、南宁、河口、思茅、景洪、潞西、琼海、崖县、西沙、东沙		22～26	16～21	5	26～29	1200～3000 (5000)	全年基本无霜	干季（11～4月），湿季（5～10月）

2.园林绿化树种对有害气体的抗性一览表

气体种类	抗性	树种选择
二氧化硫	强抗	侧柏、大叶黄杨、雀舌黄杨、瓜子黄杨、海桐、蚊母、山茶、小叶女贞、枳橙、棕榈、夹竹桃、女贞、构骨、枇杷、金橘、无花果、枸杞、青冈栎、白腊、木麻黄、相思树、榕树、十大功劳、九里香、银杏、广玉兰、北美鹅掌楸、柽柳、梧桐、重阳木、合欢、皂荚、刺槐
	较抗	白皮松、云杉、赤松、罗汉松、龙柏、桧柏、花柏、柳杉、石榴、月桂、冬青、珊瑚树、梧桐、臭椿、桑树、楝树、白榆、榔榆、朴树、腊梅、榉树、毛白杨、丝棉木、木槿、枣、榛树、椰子、石栗、沙枣、厚皮香、扁桃、枫杨、凹叶厚朴、含笑、杜仲、细叶油茶、七叶树、八角金盘、粗榧、丁香、卫矛、柃木、板栗、无患子、玉兰、地锦、梓树、泡桐、连翘、金银木、紫荆、柿树、柳树、垂柳、胡颓子、紫藤、紫薇、银桦、乌柏、杏树、枫香、加拿大杨、黄檀、细叶榕、木麻黄、小叶朴、木波罗、蓝桉、苏铁
氯气	强抗	龙柏、侧柏、大叶黄杨、海桐、蚊母、山茶、女贞、夹竹桃、棕榈、构树、木槿、紫藤、无花果、樱桃、臭椿、小叶女贞、广玉兰、柽柳、合欢、皂荚、槐树、黄杨、白榆、丝棉木、沙枣、椿树、苦楝、白腊、杜仲、厚皮香、桑树、柳树、枸杞、榕树、九里香
	较抗	桧柏、云杉、柳杉、珊瑚树、樟树、栀子、朴树、板栗、无花果、罗汉松、桂花、石榴、紫薇、紫荆、乌柏、天目木兰、凹叶厚朴、红花油茶、银杏、柽柳、桂香柳、枣、丁香、枇杷、瓜子黄杨、山桃、刺槐、毛白杨、石楠、榉树、银桦、梧桐、重阳木、蒲桃、梓树、扁桃、天竺桂、旱柳、鹅掌楸、卫矛、接骨木、君迁子、蓝桉、海南红豆树、枳橙、月桂、小叶榕、木麻黄、细叶榕、蒲葵、假槟榔
氟化氢	强抗	侧柏、龙柏、大叶黄杨、海桐、蚊母、山茶、瓜子黄杨、朴树、花石榴、石榴、桑树、香椿、丝棉木、青冈栎、皂荚、槐树、柽柳、白榆、沙枣、夹竹桃、棕榈、杜仲、厚皮香、银杏、天目琼花、金银花、木麻黄、红花油茶
	较抗	白皮松、桧柏、云杉、柳杉、女贞、白玉兰、珊瑚树、无花果、垂柳、桂花、枣树、樟树、木槿、楝树、榆树、臭椿、刺槐、合欢、拐枣、旱柳、山楂、胡颓子、紫茉莉、白腊、广玉兰、棕榈、银桦、梧桐、乌柏、小叶朴、梓树、泡桐、小叶女贞、油茶、鹅掌楸、含笑、紫薇、柿树、山楂、月季、丁香、凹叶厚朴、楠木、滇朴、榕树、垂枝榕、蓝桉、枳橙
乙烯	强抗	夹竹桃、棕榈
	较抗	黑松、女贞、榆树、枫树、重阳木、乌柏、红叶李、柳树、香樟、罗汉松、白腊
氨气	强抗	柳杉、女贞、樟树、丝棉木、腊梅、银杏、紫荆、石楠、石榴、朴树、无花果、皂荚、木槿、紫薇、广玉兰
二氧化氮	抗	龙柏、黑松、夹竹桃、大叶黄杨、棕榈、女贞、樟树、广玉兰、臭椿、无花果、桑树、楝树、合欢、枫杨、刺槐、丝棉木、乌柏、石榴、酸枣、旱柳、垂柳、蚊母树

3.园景树种选择与应用略览表（形色类）

学名	科名	生长适地	生长习性	观赏特征
雪松* *Cedrus deodara*	松科	华北以南	喜光、稍耐阴，耐寒； 不耐积水	树冠塔形，树姿优美
金钱松 *Pseudolarix kaempferi*	松科	华东、华中	喜光，喜暖、湿气候； 不耐碱、旱、积水	树形高大端直，秋叶金黄色
南洋杉* *Araucaria cunninghamii*	南洋杉科	华南	喜光、耐阴，不耐寒； 对土壤要求不严，不耐旱	树形高大，枝叶平展，姿态优美
白皮松* *Pinus bungeana*	松科	原产西北、华北，华东至西南栽培良好	喜光，喜冷凉气候，耐温湿。 土壤适用性强，深根性，寿命长	我国特有三针松，树干灰白、斑驳
黑松* *Pinus thunbergii*	松科	华东、华北、华南	喜光，耐寒； 对土壤要求不严，大树移植困难、缓生	树冠开张，枝苍劲有力
日本冷杉* *Abies firma*	松科	原产日本，我国旅大以南有栽培，中南最适	喜光，耐阴，喜冷凉、湿润气候，较耐寒； 喜中性及微酸性土	树体高大，冠广卵形，叶扁平条形
薄壳山核桃 *Carya illinoensis*	胡桃科	原产美国，长江流域地区栽培良好	喜光，耐寒； 耐水湿，不耐旱、瘠，对土壤要求不严	树体高大，树干端直， 树冠开展
水曲柳 *Fraxinus mandshurica*	木樨科	华东、华北	喜光，耐寒； 喜肥，耐碱	树干端直，秋叶橙黄
珙桐 *Davidia involucrata*	珙桐科	华中、西南、华东	喜半阴，喜温凉气候，略耐寒； 不耐碱、旱	树冠圆整，高大端整，白花似鸽
重阳木 *Bischofia polycarpa*	大戟科	长江流域以南	喜光、略耐阴，耐寒； 耐湿，对土壤要求不严	树形优美，秋季红叶
丝棉木 *Euonymus bungeanus*	卫矛科	华北至长江流域	喜光、耐半阴，耐寒； 对水分要求不严	树冠球形，秋叶艳红
巨紫荆 *Cercis gigiantea*	苏木科	华北至华东	喜光，耐寒； 喜肥沃、深厚土壤	春花满树紫红
檫木 *Sassafras tzumu*	樟科	长江流域以南	喜光、不耐阴； 喜酸性土壤，不耐积水	春季黄花，秋季红叶
无患子 *Sapindus mukorossi*	无患子科	长江流域	喜光、稍耐阴，耐寒性强； 不择土壤，不耐积水	树冠广展，秋叶金黄

续表

学名	科名	生长适地	生长习性	观赏特征
栾树 *Koelreuteria paniculata*	无患子科	华北大部	喜光、耐半阴，耐寒； 耐旱、瘠，喜钙质土	树冠广展，夏秋季花、果交替，色泽鲜艳
黄山栾树 *Koelreuteria bipinnata*	无患子科	华东至川中、甘南	喜光、稍耐阴，耐寒； 稍耐湿，喜钙质土	树冠广展，夏秋季花、果交替，色泽鲜艳
楝树 *Melia azedarach*	楝科	全国大部地区	喜光、不耐阴； 耐旱、瘠、湿	树形开张，春淡紫花， 秋冬黄果繁多
柽柳 *Tamarix chinensis*	柽柳科	全国大部地区	喜光，耐寒； 耐旱、湿，耐盐碱，适应性强	树姿婆娑，枝叶纤细，花序奇特
苏铁* *Cycas reroluta*	苏铁科	华南	喜光，喜暖、热湿润气候，不耐寒	树型优美，反映热带风光效果
蓝桉 *Eucalyptus globulus*	桃金娘科	华南、西南	喜光、不耐阴，喜温暖气候，-5℃下2～3天即受冻害； 喜肥沃的酸性土壤，速生	树形高耸，树干扭曲，枝叶有芳香
橡皮树* *Ficus elastica*	桑科	华南	喜光、稍耐阴，耐湿、热，不耐寒	叶大厚革质，托叶鲜红
露兜树类* *Pandanus utilis*	露兜树科	华南	喜光耐热，不耐寒； 耐湿，耐瘠，耐盐碱	树干支柱根造型独特，不同品种叶色丰富
榕树* *Ficus microcarpa*	桑科	华南	喜暖热气候，速生，寿命长； 喜酸性土壤	树冠庞大，枝叶茂密，气生根悬挂
鱼尾葵* *Caryota ochlandra*	棕榈科	华南	耐阴，不耐寒； 喜湿、酸性土	树姿优美，叶形奇特
深山含笑* *Michelia maudiae*	木兰科	赣南、湘东、桂东	喜弱阴，喜温暖湿润气候，较耐寒（-12℃）；耐轻碱	干挺冠丰，春花白、芳香
厚朴 *Magnolia officinalis*	木兰科	秦岭、淮河以南	喜光、稍耐阴，不耐严寒； 忌积水	叶大阴浓，春花白、芳香
紫叶李（红叶李） *Prunus cerasifera cv.Atropurpurea*	蔷薇科	长江流域以南	喜光，喜温暖湿润气候，不耐寒	春花繁盛，三季红叶
紫叶桃 *Prunus persica* f.*atropurpurea*	蔷薇科	全国大部地区	喜光， 耐旱，抗性强	叶色紫红，开花繁盛
枫香 *Liquidamba formosana*	金缕梅科	秦岭以南	喜光，耐旱、瘠、湿	树高冠阔，深秋叶色红艳
元宝枫（平基槭） *Acer truncatum*	槭树科	长江、黄河流域	喜半阴； 不择土壤，耐旱、不耐湿	冠大阴浓，嫩叶红色，秋叶红色或橙黄色

续表

学名	科名	生长适地	生长习性	观赏特征
青榨槭 *Acer davidii*	槭树科	华北、华东、华南、西南	喜光、较耐阴，较耐寒；喜酸性或中性壤土	树冠浓密，秋叶紫红，双翅果入秋转紫红
鸡爪槭 *Acer palmatum*	槭树科	华中、华东	喜光，喜温暖湿润气候；喜酸性或中生土，不耐水湿	树形开展，掌状叶7裂，秋日红艳如锦
红枫 *Acer palmatum* cv.Atropurpureum	槭树科	华中、华东	喜光，喜温暖湿润气候；喜酸性或中生土，不耐水湿	树冠开张，掌状叶5裂，生长季终红
羽毛枫 *Acer palmatum* var.dissctum	槭树科	华中、华东	喜光，喜温暖湿润气候；喜酸性或中生土，不耐水湿	叶裂片细窄如羽毛，叶型奇特，秋红叶，极美观
山麻杆 *Alchornea davidii*	大戟科	长江流域	喜光、耐半阴，耐寒性不强	时春嫩叶鲜红，秋叶紫红
黄栌 *Cotinus coggygria*	漆树科	华北	喜光、耐半阴，耐寒；耐旱、碱、瘠	秋季红叶鲜艳，层林尽染
盐肤木 *Rhus chinensis*	漆树科	全国大部地区	喜光，耐寒；不择土壤，不耐水湿	秋叶鲜红，果熟橘红
漆树 *Rhus verniciflua*	漆树科	全国大部地区	喜光、不耐阴；不择土壤，不耐水湿	秋叶深红

（*为常绿树种）

4.园景树种选择与应用略览表（花果类）

学名	科名	生长适地	生长习性	观赏特征
（一）春花				
玉兰 *Magnolia denudata*	木兰科	中部地区	喜光，稍耐阴，较耐寒；pH5～8均能生长，怕积水，肉质根	乔木，树形高大，挺直雄岸。花大洁白，早春（2-3月）开放，有芳香
紫玉兰（木兰） *Magnolia liliflora*	木兰科	华北及以南大部	喜光，耐寒；喜肥沃沙壤土，忌碱、黏土。肉质根，不耐旱，怕积水	小乔木。花蕾形大如笔头，花瓣外紫内白有芳香，先花后叶，极为壮观
二乔玉兰 *Magnolia soulangeana*	木兰科	华北及以南大部	喜光，耐寒；较耐旱，怕积水	小乔木或灌木。花大，早春先叶开放，外淡紫内白，芳香

续表

学名	科名	生长适地	生长习性	观赏特征
天女花 *Magnolia parviflora*	木兰科	华北以南	稍耐阴，喜凉爽湿润气候；怕积水	小乔木，常呈灌木状。花大有芳香，萼紫、瓣白、雄蕊红美，花柄细长，随风飘舞。花期5~6月
白兰花 *Michelia alba*	木兰科	华南各省	喜光，不耐寒；喜酸性土壤，怕积水	乔木。花白色，极芳香，花期4~9月，以夏季最盛。华南用作庭阴树、行道树，长江以北多盆栽
含笑* *Michelia figo*	木兰科	华南至长江流域	喜半阴，稍耐寒；不耐曝晒和干燥	灌木或小乔木。花期4~5月。花小，瓣淡黄，具香蕉之浓香味
碧桃 *Prunus persica*	蔷薇科	全国大部地区	喜光，较耐旱，耐寒；不耐水湿、黏土	小乔木。花单生，叶前开放。栽培变种甚多，花色、花形各异。
李 *Prunus salicina*	蔷薇科	长江流域及以北	喜光、耐半阴，耐寒；对土壤要求不严	小乔木。花期3~4月，白色，3~4朵簇生、繁密。果卵球形，黄绿至紫色，7月成熟
东京樱花（日本樱花） *Prunus yedoensis*	蔷薇科	长江流域及华北	喜光，耐寒；对土壤要求不严	乔木。花白色至粉红色，3~6朵组成总状花序。先花后叶，花期很短，仅一周左右
日本晚樱 *Prunus lannesiana*	蔷薇科	长江流域及华北	喜光，耐寒；对土壤要求不严	乔木。花大，多重瓣而下垂，粉红至白色，较东京樱花更娇艳。芳香。花期较晚（4~5月），延续较长
垂丝海棠 *Malus halliana*	蔷薇科	华北以南	喜光、稍耐阴，喜温暖湿润气候	小乔木。花期4月，4~7朵簇生枝端，鲜玫瑰红色，花梗细长下垂，紫色
海棠花 *Malus spectabilis*	蔷薇科	华北、华东	喜光，耐寒；耐旱，忌水湿	小乔木。花期4~5月，初放期甚为红艳，其呈粉红。花梗较长，果近球形，色黄
西府海棠 *Malus micromalus*	蔷薇科	华北以南	喜光、稍耐阴，耐寒；耐旱	小乔木。春花（4~5月）粉红美丽，夏果（8~9月）艳红满枝
贴梗海棠 *Chaenomeles speciosa*	蔷薇科	全国大部地区	喜光，耐寒；对土壤要求不严，不耐积水	灌木。枝开展。先叶春花簇生枝间，秋果黄色芳香。
四照花 *Cornus kousa* var.*chinensis*	山茱萸科	长江流域	喜光、稍耐阴，略耐寒	小乔木。嫩枝被白色茸毛。花序球形，总苞片卵形，花瓣黄色，花期5~6月
山梅花 *Philadelphus incanus*	山梅花科	华中	喜光，耐寒；耐旱，不耐水湿，不择土壤	灌木。花白色，5~7朵成总状花序，花期5~7月
郁李 *Prunus japonica*	蔷薇科	华北、华中、华南	喜光，耐寒；耐旱	灌木。冬芽3枚并生。花粉红或近白色，花梗较长，与叶同放。果小似球形，深红色
榆叶梅 *Prunus triloba*	蔷薇科	长江流域及以北	喜光，耐寒；耐旱，对土壤要求不严	灌木或小乔木。花期4月，1~2朵单生或簇生，先叶或同时开放。花团锦簇，品种繁多
紫丁香 *Syringa oblata*	木犀科	东北、华北、华东、华中	喜光、稍耐阴，耐寒；耐旱、瘠，不耐湿	小乔木。圆锥花序，花暗紫，花期4~5月。变种白丁香有香气

学名	科名	生长适地	生长习性	观赏特征
垂丝丁香 *Syringa oblata* var.*reflexa*	木樨科	华中	喜光、稍耐阴，喜空气湿润；不耐涝	灌木。圆锥花序狭筒状下垂，倒挂如藤萝。花外红内白，为丁香中最美的一种。花期4~5月
锦带花 *Weigela florida*	忍冬科	东北、华北、华东	喜光，耐寒；耐瘠，不耐积水，对土壤适应性强	灌木。聚伞花序，小花1~4朵，玫瑰红色，极鲜艳。花期4~6月
木绣球 *Viburnum macrocephalum*	忍冬科	长江流域	喜光、略耐阴，耐寒	半常绿灌木。聚伞花序全为不孕花，花冠辐射状，白色。花期4~5月
琼花 *Viburnum macrocephalum* f.*keteleeri*	忍冬科	长江流域	喜光、稍耐阴，耐寒	灌木。木绣球附种。花序外围不孕花，中部为可孕花，花期4月，洁白如云。果熟9~10月，果长椭圆形红色
天目琼花 *Viburnum sargentii*	忍冬科	长江及黄河流域，东北南部	喜光又耐阴，耐寒；对土壤要求不严	灌木。花序外缘为不孕花，花冠乳白色，芳香。花期5~6月。果期9~10月，果球形，鲜红色
雪球荚莲 *Viburnum plicatum*	忍冬科	西南、华东、华北	喜光、稍耐阴，耐寒	灌木。花序球形，全为不孕花，花期4~5月。变型蝴蝶戏珠花（f.*tomcntosum*），花序中部为可孕花，有微香
溲疏 *Deutzia scabra*	山梅花科	长江流域	喜光、稍耐阴，有一定耐寒力	灌木。花白色或外略粉红色，直立圆锥花序较长，花期5~6月
笑靥花 *Spiraea prunifolia*	蔷薇科	西北、华东、西南	喜光，耐寒；适应性强	灌木。花色洁白，重瓣，3~6朵伞形花序，与叶同效，花容圆润
喷雪花（珍珠花） *Spiraea thunbergii*	蔷薇科	长江流域及以南	喜光，喜温暖湿润气候，适应性强	灌木，花蕾形如珍珠，花开洁白如雪。花梗细长，3~5朵伞形花序，与叶同效
杂交茶香月季 *Hybrid tea Roses*	蔷薇科	全国大部地区	喜光；耐旱、瘠，不耐水涝	半常绿直立灌木，长势强健。品种繁多，花形优美，花色艳丽，花香袭人。花期4~10月
玫瑰 *Rosa rugosa*	蔷薇科	全国各地	喜光，耐寒；耐旱，对土壤要求不严	灌木。花单生或3~5朵簇生，紫红色，有芳香，盛花期5月，7~8月零星开放
黄刺玫 *Rosa xanthina*	蔷薇科	华北、东北、西北、内蒙古	喜光，耐寒；耐旱，耐瘠薄，少病虫	灌木。花单生，黄色，单瓣或重瓣。花期4~5月
棣棠 *Kerria japonica*	蔷薇科	秦岭以南	喜半阴，温暖、略湿之地	灌木。花色金黄，4~5月开放，单生侧枝顶端。叶、枝俱美，变种甚多
珍珠梅 *Sorbaria kirilowii*	蔷薇科	华北、西北	喜光又耐阴，耐寒，耐修剪	灌木。顶生圆锥花序，花小、白色，蕾时如珍珠。花期6~8月
白鹃梅 *Exochorda racemosa*	蔷薇科	华中、华东、华北	喜光、耐半阴，耐寒	灌木。总状花序6~10朵，花期4~5月，花开满枝雪白
紫荆 *Cercis chinensis*	苏木科	华北至华南	喜光，耐寒；不耐涝	灌木。假蝶形花冠，先叶开放。5~8朵簇生，花冠紫红色

续表

学名	科名	生长适地	生长习性	观赏特征
锦鸡儿 *Caragana sinica*	蝶形花科	华北、华东、华中	喜光，耐寒；耐瘠，适应性强	灌木。花单生，萼钟形。花冠黄色，常带红。花期4~5月
映山红 *Rhododendron simisii*	杜鹃科	长江流域至珠江流域	喜半阴，湿润气候；喜酸性土壤	灌木。分枝细直。花2~6朵簇生枝顶，蔷薇色至深红色，有紫斑。花期4~6月
马银花 *Rhododendron ovatum*	杜鹃科	华东	喜半阴，湿润气候；喜酸性土壤	灌木。枝叶光滑无毛。叶革质，卵形。花单生，出自枝顶叶腋，浅紫色，有粉红色斑点，花期5月
连翘 *Forsythia suspensa*	木樨科	东北、华北、华中	喜光、稍耐阴，耐寒；耐旱、瘠	灌木。茎丛生。花金黄色，常单生。先花后叶，满枝金黄。变种垂枝连翘，枝极细而下垂
金钟花 *Forsythia viridissima*	木樨科	长江流域及以南	喜光，喜温暖湿润气候，耐寒	灌木。枝直立，花深黄色，先叶开放
云南黄馨* *Jasminum mesnyi*	木樨科	长江流域及以南	喜光，不耐寒；对土壤要求不严	半常绿藤状灌木。枝拱形下垂。奇数羽状复叶，对生。花单生于小枝端，黄色，重瓣，花期3~4月

（二）夏、秋花

学名	科名	生长适地	生长习性	观赏特征
广玉兰* *Magnolia grandiflora*	木兰科			
紫薇 *Lagerstroemia indica*	千层菜科	长江流域及以南	喜光、稍耐阴；耐旱，喜肥、碱性土壤	灌木或小乔木。顶生圆锥花序，花色丰。花期6~9月
夹竹桃* *Nerium indicum*	夹竹桃科	长江以南	喜光，不耐寒；对土壤要求不严，耐旱，抗污染	常绿大灌木。聚伞花序顶生，花冠粉红或深红，具香气。变种有白、黄色。花期6~10月
花石榴 *Punica granatum*	石榴科	黄河流域及以南	喜光，耐寒；对土壤要求不严，耐旱	灌木。花朱红色，花萼钟形、紫红色。花期5~7月。浆果近球形，古铜黄色，果期9~10月
金丝桃 *Hypericum chinense*	金丝桃科	华北以南	喜光、略耐阴，不耐寒；不择土壤	半常绿灌木。花金黄色，单生或3~5朵聚伞花序。花期6~9月
栀子花 *Gardenia jasminoides*	茜草科	长江流域及以南	喜光也耐阴；喜酸性黏壤土，耐修剪	灌木或小乔木。花单生，花冠杯状、肉质，具浓香。花期6~8月
木芙蓉 *Hibiscus mutabilis*	锦葵科	黄河流域至华南	喜光、稍耐阴，不耐寒；喜沙质壤土	灌木。花大，单生枝端叶腋，白或淡红色转深红。单瓣或重瓣。花期9~11月
木槿 *Hibiscus syriacus*	锦葵科	长江流域	喜光、耐半阴，适应性强，耐修剪	小乔木。花单生叶腋，径大，单瓣或重瓣，色红、白、紫等。花期6~9月
八仙花（绣球花） *Hydrangea macrophylla*	八仙花科	长江流域及以南	喜半阴，不耐寒	灌木。顶生伞房花序近球形，径大，几全为不孕花，粉红、蓝或白色，极美丽。花期6~7月

学名	科名	生长适地	生长习性	观赏特征
迎夏 *Jasminum floridum*	木樨科	华北以南	喜光，较耐寒；对土壤要求不严	半常绿灌木。多分枝，聚伞花序顶生。多花，花冠黄色。花期6~8月
桂花* *Osmanthus fragrans*	木樨科	长江流域及以南	喜光、稍耐阴，不耐寒；喜沙质壤土	灌木至小乔木。花小，黄白色、浓香，9~10月开放；变种丹桂花橙至深黄色；金桂深黄色；四季桂白或黄色，花期5~9月，可数次开花
（三）冬花				
腊梅 *Chimonanthus praecox*	腊梅科	全国各地	喜光略耐阴，较耐寒；耐旱，忌水湿，畏二氧化硫	灌木。花被外轮腊质、黄色，中轮带紫色条，具浓香;花期1~2月，为冬季观花圣品
油茶* *Camellia oleifera*	山茶科	长江流域及以南	喜半阴，不耐寒；喜酸性土	小乔木或灌木。花白色，1~3朵簇生、无花梗，花期10~12月
山茶* *Camellia japonica*	山茶科	长江流域及以南	喜半阴，不耐寒；喜酸性土	小乔木或灌木。变种多，色、形各异;多单瓣5~7枚,花心大红色，花期2~4月
茶梅* *Camellia sasanqua*	山茶科	长江流域及以南	喜半阴，不耐寒；喜酸性土	灌木或小乔木。花小白色，无柄，稍有香气，花期11~1月；变种、品种较多，但红色较少
迎春 *Jasminum nudiflorum*	木樨科	华北以南	喜光、稍耐阴，耐寒；耐旱、碱	灌木。花色金黄，先叶开放，花期2~3月
红果忍冬 *Lonicera fragrantissima*	忍冬科	华北、华东、中南	喜光；耐旱、忌涝，性强健	灌木。花冠唇形，白色或带淡紫色，花期2~4月。先叶后花，香气浓郁。浆果鲜红，果期4~5月
梅 *Prunus mume*	蔷薇科	黄河流域以南	喜光，耐寒；耐旱，怕积水，对土壤要求不严	小乔木。花期2~3月，先叶开放，淡粉或白色，有芳香。变种、变型极多，花色、花形多样
结香 *Edgeworthia chrgsantha*	瑞香科	秦岭以南	喜半阴；喜沙质壤土，不耐积水	灌木。枝常三叉状，棕红色，花黄色有芳香，花被筒长梳状，外被绢状长柔毛。花期2~3月
瑞香* *Daphne odora*	瑞香科	长江流域及以南	喜阴、忌曝晒，不耐寒；喜酸性土	灌木。顶生具总梗的头状花序，花白或淡粉红，甚芳香。花期2~3月
（四）果木				
海棠果 *Malus prunifolia*	蔷薇科	东北南部、华北	喜光，耐寒；耐旱、湿，耐碱	小乔木。花白或微红（4月），果球形红艳（7月）
花红 *Malus asiatica*	蔷薇科	华北	喜光，耐寒；耐旱，不择土壤	小乔木。粉色花迎春（4月），红色果驻夏（7月）
花楸 *Sorbus pohuashanensis*	蔷薇科	华北、东北	喜半阴，耐寒；喜微酸性土壤	小乔木。5月白花繁，10月球果红

续表

学名	科名	生长适地	生长习性	观赏特征
山楂 *Crataegus pinnatifida*	蔷薇科	东北、华北及江苏	喜光、稍耐阴，耐寒；耐旱、瘠	小乔木。5月白花，10月红果
火棘 *Pyracantha fortuneana*	蔷薇科	秦岭以南大部	喜光；耐旱、适应性强	半常绿灌木。花白如雪（5月），果红如火（9~10月），留存枝头、经久不落
平枝栒子 *Cotoneaster horizontalis*	蔷薇科	华中、华东	喜光，耐寒；不择土壤	半常绿灌木。5~6月粉花，9~10月梨果鲜红，经冬不落
大叶冬青* *Ilex latifolia*	冬青科	长江流域及以南	耐阴，不耐寒；喜湿、酸性土	乔木。卵形叶青翠亮丽，圆形果密红颂秋
枸骨（鸟不宿）* *Ilex cornuta*	冬青科	长江中下游及以南	喜光，稍耐阴；喜湿润、酸性土壤	小乔木，叶型奇特。核果球红喜迎秋（9~10月），经冬不落
荚迷 *Viburnum dilatatum*	忍冬科	长江流域及南北	喜光、耐半阴，耐寒；耐湿，不耐瘠、积水	灌木。花洁白如盘（4~5月），果金秋红艳（9~11月）
山茱萸 *Cornus officinalis*	山茱萸科	华北、华中、华东	喜阴；不耐瘠、旱	乔木。簇果如珠，绯红欲滴，经冬不落（8~12月）
南天竹* *Nandina domestica*	南天竹科	华北、华中	喜半阴，不耐寒；不择土壤	灌木。浆果球形，秋冬转红，经冬不落（10~2月）
紫金牛 *Ardisia japonica*	紫金牛科	长江以南	喜阴湿、温暖气候	小灌木。夏花秋果，核果球形，熟时有宿存花萼和花柱
老鸦柿 *Diospyros rhombifolia*	柿树科	长江流域及以南	耐阴；不择土壤	小乔木。白花繁星（4月），卵圆果橙黄（10月）
柚* *Citrus grandis*	芸香科	长江以南	喜温暖、湿润气候，不耐寒	小乔木。白花（4~5月），单生或簇生；特大果球形或梨形（9~10月），香味持久
佛手* *Citrus medica* var. *sarcodactylus*	芸香科	长江以南	喜光，喜温暖、湿润气候，不耐寒	小乔木。花开三季，香味袭人；果色橙黄，有奇香。春花果夏熟，顶端分裂如伸指；夏花果秋熟，顶端闭合如握拳
柑橘* *Citrus reticulata*	芸香科	长江以南	喜温暖、湿润气候，不耐寒	小乔木。花色黄白（4~5月）；秋果扁球形，橙红至橙黄（10~12月），香艳
枸橼* *Citrus medica*	芸香科	长江以南	喜光，喜温暖、湿润气候，不耐寒	小乔木。5月花，内白外紫；10月果，色黄芳香
罗浮* *Fortunella margarita*	芸香科	长江以南	喜光，适应性强	小乔木。花小，白色，芳香（4~5月）。果椭圆，色金黄（12~2月）
秤锤树 *Sinojackia xylocarpa*	野茉莉科	华东	喜光、稍耐阴	小乔木。4月花，洁白繁盛。果圆锥状具喙，灰褐似锤（8月）；落叶时果仍宿存，别有风趣

学名	科名	生长适地	生长习性	观赏特征
无花果 *Ficus carica*	桑科	全国大部地区	喜光，喜暖湿、不耐寒；耐旱，耐盐碱，抗污染	小乔木或呈灌木状。隐花果倒卵形，绿黄色，夏秋不绝
安石榴 *Punica granatum*	石榴科	黄河流域及以南	喜光，喜温暖气候，有一定耐寒力；耐干旱瘠薄，对有毒气体抗性强	小乔木。花朱红色，5~6月开。浆果近球形，花萼宿存，9~10月熟，古铜色
接骨木 *Sambucus williamsii*	忍冬科	东北、华北、华东、华中	喜光、稍耐阴；喜沃、松沙壤土	小乔木。球形果红色，6~9月累挂满枝

（*为常绿树种）

5.常见水生植物略览表

学　名	科　名	产　地	花　期	习　　性	繁殖方式
一、挺水型（含湿生、沼生）					
莲花（荷花、水芙蓉） *Nelumbo nucifera*	睡莲科	原产亚洲热带地区及大洋洲，我国华北以南地区均有分布	6~9月	喜温暖环境和强光，喜湿怕干； 宜生长于静水或缓慢的流水中，水深不超过1m	根茎
香蒲（水烛） *Typha angustifdia*	香蒲科	我国广布于东北、西北和华北地区	5~7月	性耐寒，喜阳光，喜深厚肥沃的泥土；最宜生长在浅水湖塘或池沼内	分株
石菖蒲 *Acorus gramineus*	天南星科	原产我国黄河以南，日本、越南有分布	2~4月	喜温，不甚耐寒； 喜生林中湿地及近水沼生	分株
花菖蒲 *Iris keampferi*	鸢尾科	主产我国内蒙古、山东、浙江及东北，朝、日、俄有分布	5~6月	喜温，耐半阴； 喜生池边湿地及浅水	分株
黄花鸢尾 *Iris pseudacorus*	鸢尾科	原产南欧、西亚、北非，现各国有分布	5~6月	喜温，耐半阴，根茎极耐寒； 喜生池边湿地及浅水	分株
泽泻 *Alisma orientale*	泽泻科	我国各地均有分布，日、朝、印、蒙均产	6~10月	喜温、耐寒，喜光； 喜生浅水或池沼边缘	块茎
花叶芦竹 *Arundo donax* cv.*versicolor*	禾本科	原产欧洲，我国华东以南有分布	4~5月	耐寒，喜光，喜湿； 喜生低洼湿地	根茎
旱伞草 *Cyperus alternifolius*	莎草科	原产非洲，我国各地有栽培	7~8月	喜温，不耐寒； 喜生通风良好的阴湿地	分株

续表

学　名	科　名	产　地	花　期	习　　性	繁殖方式
水葱（管子草）*Scirpus validus*	莎草科	分布我国东北、西北、西南各省，朝鲜、日本、澳洲、美洲也有分布	6~9月	喜温暖，喜阳；自然生长在池塘、湖泊的浅水处	根茎
水生美人蕉 *Canna glauca*	美人蕉科	原产美洲，我国南方有栽培	7~10月	不耐寒，喜光，怕强风；喜生浅水，性强健	块茎
雨久花 *Monochoria korsakowii*	雨久花科	主产我国东部、北部，各地有栽培	7~8月	不耐寒，喜光、耐半阴，耐瘠；喜生浅水、沼地	根茎
梭鱼草 *Pontederia cordata*	雨久花科	原产北美东部至加勒比海地区，我国南方引种栽培	5~7月	不耐寒，露地越冬需灌水处理，喜光，常栽于浅水池或塘边	根茎
再力花（水竹芋）*Thalia dealbata*	茗叶科	原产美国南部和墨西哥，我国引种栽培良好	7~8月	不耐寒，喜光；适于水湿地种植	根茎
千屈菜（水柳）*Lythrum salicaria*	千屈菜科	原产欧洲、亚洲的温带地区，我国南北均有野生	7~9月	喜强光及通风良好的水湿环境，宜浅水中生长，也可露地旱栽	分株
二、浮叶型					
睡莲（子午莲）*Nymphaea tetragona*	睡莲科	原产中国、日本、朝鲜、印度、西伯利亚及欧洲等地	6~9月	喜强光、通风良好、水质清洁、温暖的静水环境，最适水深为25~30厘米	根茎
芡实（鸡头）*Euryale ferox*	睡莲科	广布于东南亚、俄罗斯、日本、印度及朝鲜，我国南北各地多有野生	7~8月	气候温暖、阳光充足、泥土肥沃处生长最佳，深水或浅水中均能生长	播种
萍蓬草（黄金莲）*Nuphar pumilum*	睡莲科	主产江西、浙江、湖南、贵州等	5~7月	喜湿，阳光充足，耐低温；宜生30~60厘米浅水	块茎
菱（水栗）*Trapa spp.*	菱科	原产我国南方，华东、华中、华北、东北有分布	7~10月	喜温，不耐霜冻；耐深水	播种
荇菜 *Nymphoides peltata*	龙胆科	广布我国，日、俄有分布	6~10月	耐低温但不耐寒；常生淡水湖泊、池沼静水	分株
浮叶眼子菜 *Potamogeton natans*	眼子菜科	广布北半球温带，我国各地有栽培	6~8月	喜温、不耐寒；喜生池沼浅水处	根茎
田字萍（四叶萍）*Marsilea quadrifolia*	萍科	一年生草本，分布于我国长江以南各地		幼年期沉水，成熟时浮水、挺水或陆生，宜浅水、沼泽地中成片种植	孢子果

续表

学　名	科　名	产　地	花　期	习　性	繁殖方式
三、漂浮型					
大漂（水莲） *Pistia stratiotes*	天南星科	原产我国长江流域，广布热带、亚热带地区	7~10月	喜高温，不耐严寒； 喜生水质肥沃的静水、缓流	分株
凤眼莲 *Eichhornia crassipes*	雨久花科	原产南美，我国长江、黄河流域广为引种	7~9月	喜温，喜阳光充足； 深水漂浮，浅水扎根	分株
水金英（黄金英） *Hydrocleys nymphoides*	水龙胆科	原产巴西及委内瑞拉，1969年我国引进作观赏性栽培	6~7月	生长适温23~32℃，越冬避免寒害；喜光线充足。宜浅水，水池或水槽栽植，底部先置入5~10厘米有机质壤土	分株
水鳖（苤菜） *Hydrocharis.dubia*	水鳖科	我国华东、华中、华北、东北原产，欧洲、亚洲及大洋洲有分布	6~7月	性强健，耐寒也耐热；生长适温18~20℃	分株
槐叶蘋 *Salvina natans*	槐叶蘋科	世界广布，我国南北均常见		喜温暖，怕严寒，怕强光，不耐严寒	断体
四、沉水型					
金鱼藻 *Ceratophyllum demersum*	金鱼藻科	原产欧、亚、非，现广布于全世界		喜温，喜中至强光,习生流水处	分生侧枝
狐尾藻 *Myriophyllm verticillatum*	小二仙草科	广布于东半球		适合细砂质土壤，池塘、河沟、沼泽有分布	根状茎
眼子菜 *Potamogeton distinctus*	眼子菜科	广布于我国，原苏联、朝鲜及日本也有分布		适水性强，以肥沃的黏质壤土为宜	根茎

参考文献

[1] 计成著．刘乾先注译．园冶[M]．长春：吉林文史出版社，1998.

[2] 李斗撰．汪北平，涂雨公点校．扬州画舫录[M]．上海：中华书局，1997.

[3] 许少飞．扬州园林[M]．苏州：苏州大学出版社，2001.

[4] 胡长龙．园林规划设计[M]．第二版．北京：中国农业出版社，2002.

[5] 俞孔坚．“风水说”的生态哲学思想及理想景观模式[R] 系统生态研究报告．中国科学院系统生态开放研究室，1991.

[6] 何小弟，仇必鳌．园林艺术教育[M]．北京：人民出版社，2008.

[7] 何小弟，冯文祥，许超．园林树木景观建植与赏析[M]．北京：中国农业出版社，2008.

[8] 何小弟，边为民，肖洁，汪清香．中国扬州园林[M]．北京：中国农业出版社，2010.